# 国外全预制装配结构体系建筑
## ——建造技术与实践

李国强　李春和
侯兆新　陈　琛　编著

中国建筑工业出版社

图书在版编目（CIP）数据

国外全预制装配结构体系建筑：建造技术与实践/李
国强等编著. —北京：中国建筑工业出版社，2018.5
ISBN 978-7-112-21840-0

Ⅰ. ①国… Ⅱ. ①李… Ⅲ. ①预制结构-装配式
构件-建筑设计 Ⅳ. ①TU3

中国版本图书馆 CIP 数据核字（2018）第 032917 号

本书共 3 篇 15 章，通过介绍国外全预制装配结构体系建筑发展水平、建造经
验及与传统结构体系比较优势，系统地阐述了全预制钢结构建筑体系、全预制混
凝土结构建筑体系和全预制模块结构体系建筑的概念、设计、制作和建造方法，
为全预制装配结构体系建筑在我国进一步推广应用提供参考。

本书可作为装配体系建筑设计单位、制作单位、施工单位和标准制定单位技
术人员的学习培训用书，也可作为院校相关专业师生的教学参考资料。

责任编辑：王砾瑶　范业庶
责任设计：李志立
责任校对：李美娜

# 国外全预制装配结构体系建筑
## ——建造技术与实践

李国强　李春和
侯兆新　陈　琛　编著

＊

中国建筑工业出版社出版、发行（北京海淀三里河路 9 号）
各地新华书店、建筑书店经销
霸州市顺浩图文科技发展有限公司制版
北京市密东印刷有限公司印刷

＊

开本：787×1092 毫米　1/16　印张：14½　字数：362 千字
2018 年 4 月第一版　　2018 年 4 月第一次印刷
定价：45.00 元
ISBN 978-7-112-21840-0
（31684）

# 前　言

本书分为 3 篇：第 1 篇为全预制钢结构体系建筑；第 2 篇为全预制混凝土装配建筑；第 3 篇为全预制装配结构体系建筑工程案例。

第 1 篇介绍了英国、日本以及新加坡等国家的全预制钢结构体系建筑建造技术和实践。模块化建筑是绿色建筑和建筑工业化的发展方向之一，钢结构建筑最易采用模块化建造方式，轻型钢结构房屋特别是箱房已经在多层公共建筑、别墅建筑以及低层临时性建筑应用，但国内还缺少系统的研究、设计与施工技术。本部分在介绍国外特别是英国模块化轻型钢结构房屋设计与建造技术的基础上，结合国内相关研究和规范，系统地阐述模块化轻型钢结构房屋建筑理念、设计原则、计算分析、细部构造、建造方法、效果评价及发展方向等，为我国推广应用模块化轻型钢结构房屋和制定相关技术标准提供技术参考。

第 2 篇介绍了加拿大、新加坡等国家的全预制混凝土装配建筑建造技术和实践。根据国外预制混凝土装配结构设计理论和规范，结合我国装配混凝土结构的发展，对新结构、新技术、新方法的要求编写而成。重点讨论如何利用非现浇钢筋混凝土连接节点，实现全预制混凝土装配整体结构体系的途径。对全预制混凝土装配结构体系、连接概念和连接设计方法进行比较全面的阐述。针对广泛采用全预制装配技术的车库结构作了专门介绍。最后对预制装配建筑技术管理作了简述。

第 3 篇介绍包括英国、美国、加拿大、新加坡等国和我国的全预制装配结构体系建筑的典型工程案例。

本书通过介绍国外全装配结构体系建筑，较系统地阐述了全预制钢结构体系、全预制混凝土结构体系以及全预制装修模块结构体系建筑的概念、设计、制作和建造方法，为全预制装配结构体系建筑在我国的推广应用和相关技术标准的制定提供参考。

# 目　　录

# 第1篇　全预制钢结构体系建筑

# 1 全预制钢结构体系建筑简介

全预制钢结构体系建筑主要是指模块化钢结构建筑，模块化钢结构建筑是从模块化轻钢房屋发展起来的，目前从全球来看，模块化轻型钢结构房屋的应用最广。

## 1.1 模块化建筑与模块化建造发展历史

模块化建筑是指把一个或多个建筑单元作为预制构件单位，在工厂预制后运到工地进行安装的建筑形式。每一个预制构件均为带有采暖、上下水道及照明等所有管网的装修完备的房间单元。模块化单元可以用来形成完整的房间，或者作为大房间的一部分，也可以用来制作一些专用服务单元，例如厕所、电梯、厨卫等。这种通过多个模块单元形成的多层建筑一般采用自承重体系，高层建筑则一般会依赖于一个独立的结构体系或者添加辅助的抗侧力结构体系。模块化建筑可以适用于包含住宅、商业、医院、学校、酒店等多种建筑类型。注意，应将模块化建筑与临时建筑或可移动建筑区分开来。

模块化建造作为一项新兴技术，主要通过现场装配预制的模块单元，完成住宅或商业建筑中部分或全部内容的施工，通常这种轻钢龙骨单元在送至现场之前已在工厂完成大部分的加工并装配完毕。

日本的预制装配式建筑起源于 19 世纪 50 年代，其主要形式为木质结构。预制装配式建筑最初在日本发展的动力来源于熟练木工的匮乏、住宅施工质量的低劣以及战后经济的迅速发展。巨大的市场需求促进了日本传统建筑行业的改革，建筑商从日本发达的制造工业中吸取了经验，将制造业与建筑业相结合，推出了多种预制装配式建筑形式。现在，日本的预制装配式建筑在住宅领域已经占据了主要市场。2003 年，预制装配式独栋住宅占据了 160 亿的市场份额。日本的预制装配式建筑主要包括预制装配式木制框架、预制装配式轻钢龙骨板件、模块化钢结构以及预制钢筋混凝土结构，其中，50%～80% 的住宅采用了模块化钢结构技术。现在，日本的房屋建筑市场主要以模块化建筑为主，每年生产的模块化房屋超过 15 万栋。由于其在设计阶段累积了丰富的经验，使得房屋购买方可以按需选择饰面材料，甚至选择内部布局。日本极为高昂的土地价格推进了市场对于建设速度的需求，业主希望尽快得到投资的回报，常规的建设程序已不能满足这部分需求。

在英国，模块化建筑的应用地点主要集中在人口稠密的大城市。模块化建筑以其高效的劳动生产率、极短的施工时间、良好的结构性能以及安全的施工环境等优点，在该类地区受到了极大的欢迎。现如今，英国的住宅、酒店、医院、商店等建筑均可以采用模块化建筑进行建造。目前，英国 15%～20% 的新建建筑采用了预制装配式技术，其中的 40% 为模块化建筑。英国的模块化建筑不仅使用于单层或低层住宅建筑，还在多、高层建筑中得到了良好的应用。同时，在英国的酒店和快餐店的建设中，模块化建设方式也已经得到了很好的推广，在现场的施工时间可以减少 60% 以上。

模块化建筑也可以与其他的建筑系统组合使用，包括：

（1）插入式模块化——钢框架结构。

该结构系统的结构本质为普通钢框架，只是在施工时为了减少现场工作量与节约施工时间，采用将模块化单元插入钢框架中的快速施工方式。该结构体系从结构受力来看，模块化单元只承受自身自重及模块内荷载，结构整体受力完全依靠钢框架，但其具有模块化建筑节省工期，节约能源，施工人员需求量少等优点。

（2）墙板——模块化核心筒结构。

该结构中心为模块化核心筒，四周由轻钢龙骨体系构成。该种体系中，模块化结构形成的电梯井或楼梯间在结构中心形成了一个类似于核心筒的结构，核心筒四周为附着于其上的轻钢龙骨结构，在竖向荷载下，两种不同结构体系均能够单独受力，但横向荷载则主要由中心模块化核心筒承受。

（3）POD（POD）系统。

该系统只有厨房、浴室等设备集中单元采用模块化建造，其余构件仍采用传统的框架

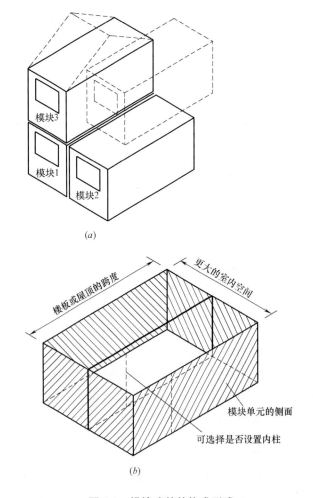

（a）

（b）

**图 1-1  模块建筑的构成形式**

（a）模块单元堆叠形成蜂窝状房屋；（b）多个模块单元组成较大空间

体系及施工方式，从结构形式上看，POD 系统中的模块结构只承担自重及其内部设备产生荷载，整体结构的主要受力体系仍为传统的框架体系。

（4）底部框架——模块化结构。

该结构底部为框架，上部为模块化建筑，该种系统往往上部用于住宅，下部用于商场、停车场等有大空间需求的建筑形式。

（5）模块化——混凝土核心筒结构。

该结构中心为混凝土核心筒，四周为模块化结构。竖向荷载主要由模块化结构承担，水平荷载则主要由混凝土核心筒承担。

模块单元也可以通过组合来形成较大的房间。在这种情况下，模块单元的长度取决于较大房间的楼面或屋面构件的跨度。单元的"未封闭"面需要进行必要的支撑或补强，以加强其在吊装和运输的过程中的刚度和稳定性。

使用单个模块来形成房间和使用多个模块来形成较大房间的模块建筑的构成形式如图1-1 所示。

## 1.2 模块化轻型钢结构房屋及其分类

### 1.2.1 概述

许多行业在 20 世纪都取得了惊人的增长和技术进步。但与之相反，建筑行业特别是在其生产效率和技术改进方面得到的发展相对缓慢，而模块化建筑体系的出现和发展是其中的一个例外。

汽车的大规模工业化生产模式导致了类似的工业化生产住宅概念的提出。工厂制造住房的理念是由英国建筑师 Peter Behrens 和 Walter Gropius，以及美国建筑师 Richard Neutra 和 Buckminster Fuller 等在 20 世纪 20 年代末至 20 世纪 30 年代提出的。起初是以二维板式或基于组件的系统开始的，后来逐渐发展延伸到模块化或三维单元的形式。

在美国，模块化产业起源于拖挂式房车（大篷车），并由于在第二次世界大战中被大量防御工人作为住所使用从而得到了发展。二战结束后，住房的严重短缺促使了将房车作为永久性住房使用需求的出现。业界试图发展现在所说的移动房屋，希望通过设计能达到房屋与汽车功能上的平衡。

在 20 世纪 50 年代，建立工厂的成本相对较低，在强劲的需求驱动下，美国新建了大量的工厂。1959 年，268 家生产商建成了总共 327 家工厂。到 1963 年，生产装配式房屋的公司分化成了两个不同的群体：移动房屋生产商和模块化房屋生产商。1955 年，开设新工厂启动资金仅需要 1.5 万美元，而到了 1966 年，开设新工厂的启动成本已上升至 15 万美元。然而，相对于其他制造业而言，其启动成本仍然非常低，这种情况一直持续至今。

各种不同类型的模块在一般建筑中的应用，要归功于具有开拓精神的建筑师和设计师们开发的预制组件，例如"舱式"浴室。当美国工程师、发明家 Buckminster Fuller 在1937 年开发钢结构预制节能浴室时，浴室舱的理念已经存在了。三十年后，Nicholas Grimshaw 在伦敦制造了许多浴室舱，螺旋集群布置在一栋附着在学生宿舍上的圆塔内。

1978 年，他在英国沃灵顿将类似的适合批量生产的不锈钢厕所模块的原型安装在他的预制工厂单元内。几年后，也许是受到 Grimshaw 厕所模块的影响，Norman Foster 爵士在他的香港汇丰银行总部大楼中使用了钢结构厕所模块。由于这个建筑受到的广泛的关注和宣传，因此它在帮助建筑师了解在办公建筑中使用功能性模块的优势方面发挥了重要作用。模块化建筑技术促进了对建筑速度和质量的改进。

在 20 世纪 80 年代的伦敦办公楼建设热潮中，由于劳动力和后勤等问题的困扰，承包商在许多重要的写字楼（例如 Broadgate）的开发中广泛使用了卫生间模块和机房模块（图 1-2），并希望将新建的主要办公楼的核心区域完全模块化（当时提出了总核心 "TC" 的概念）。可惜由于建设热潮的结束，这些想法在付诸实践前就被暂时搁置了。最接近于实现总核心 TC 目标的建筑是伦敦的老贝利街，本项目第一次同时使用了模块化厕所、模块化机房、模块化电梯井。

**图 1-2　商业建筑中使用的舱式厕所模块**

舱式浴室在酒店、旅馆、学生公寓中的应用得到了持续的增长。英国大的连锁酒店经常在新建酒店或者对已有酒店进行扩建时指定使用舱式浴室。值得一提的是，在现代游轮中，各种等级的船舱均使用了舱式厕所或者包含了浴室的舱式房间。而这些制造商在取得了船用舱式模块的成功后，将业务也拓展到了建筑模块领域。

上述各类舱式模块的一个共同特点是，它们都是被放置到其他的承重体系中，本身只需承受自身重量，所承受的最大荷载即为吊装荷载和运输荷载。另外一个共同特点是，围护体系都被设计得十分坚固、轻质，同时尽可能经济。因此，轻钢框架体系是围护结构骨架的理想材料。

除了日本以外的其他国家，模块化建筑体系在住宅方面的使用推行一直比较缓慢，模块化建筑体系已引起了未被模块的三维尺寸限制住的建筑师们的重视。模块化建筑的"工业化生产"的优势也引起了建设部门的注意，但很明显要发挥其规模经济效益需要一个巨大市场的支持。

模块化建筑的结构体系所使用的材料往往由一个公司在涉入模块化建筑领域前生产的产品类型所决定。最初生产木结构房屋的模块制造商自然希望用木结构来制作他们的模块，有重型钢结构背景的企业则喜欢采用型钢作为其模块的骨架材料。而转型到轻钢结构体系的公司之所以愿意这么做，是因为他们需要一种质量可靠、能高效制作和安装的材料，轻钢结构体系正好能满足他们的需求。

在欧洲的其他国家，模块化建筑的发展相对比较缓慢，而且往往是在单独的建设项目中得到应用，而不是基于生产导向的市场需求。然而，在斯堪的纳维亚地区的装修领域，模块化单元得到了很好的应用，模块被用来翻新或扩建 20 世纪 60 年代建成的高层混凝土建筑或砖砌体住宅建筑。

轻钢结构体系使用的构件主要为由厚 1.0～3.2mm 的镀锌钢带通过冷弯成型的薄壁截面，截面形式主要为 C 形或 Z 形以及它们的变体截面。各种类型的冷弯薄壁截面如图 1-3 所示。通常选用 C 形龙骨作为模块化单元结构支撑构件，然后将轧制好的 C 形龙骨切割成所需长度，通过合适的连接方式将其组合成模块化单元的框架，单元的吊装点和边角处可使用热轧型钢（通常为闭口型钢）进行加固。

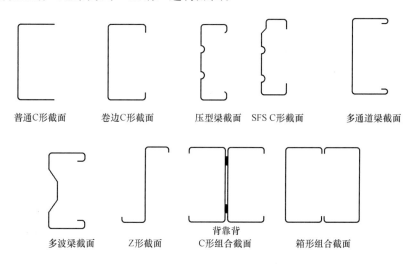

图 1-3　模块建筑中使用的冷弯薄壁构件截面

使用轻钢龙骨或薄壁钢板的基本模块一共分为三种，分别是：

## 1.2.2　结构模块及其分类

采用承重钢框架和应力蒙皮箱体，或者作为两个功能的组合。模块可以通过堆叠形成多层建筑，也可以与其他主结构形式组合使用，以应对荷载较大的情况。对于承受荷载的模块单元，可以通过使用热轧型钢构件对其进行结构加强，特别适用于未封闭模块单元和超高层建筑。

根据结构荷载的传递形式，结构模块可以分为两种：

（1）角柱支撑模块单元：这种模块单元主要靠边梁边柱支撑，竖向龙骨和填充墙均不承受荷载，如图 1-4（a）所示。

（2）连续支撑模块单元：这种模块单元的面支撑仅用于运输和吊装，荷载主要通过长边方向墙体承担，如图 1-4（b）所示。

## 1.2.3　非结构模块及其分类

模块由一个结构框架支撑或者被放置在混凝土楼面上，这种模块可以被放置在主要结构构件之间。各种形式的模块化组件在许多重要工程中得到了应用。这些模块化组件靠着将建筑工程中最复杂最耗时的部分从"关键路径"上移除，不断发掘着模块化技术在建设

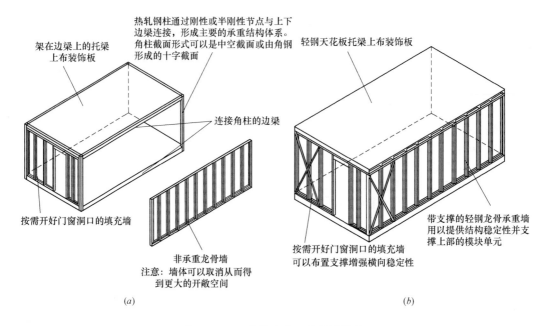

架在边梁上的托梁上布装饰板

热轧钢柱通过刚性或半刚性节点与上下边梁连接,形成主要的承重结构体系。角柱截面形式可以是中空截面或由角钢形成的十字截面

轻钢天花板托梁上布装饰板

连接角柱的边梁

按需开好门窗洞口的填充墙

带支撑的轻钢龙骨承重墙用以提供结构稳定性并支撑上部的模块单元

非承重龙骨墙
注意:墙体可以取消从而得到更大的开敞空间

按需开好门窗洞口的填充墙可以布置支撑增强横向稳定性

*(a)*

*(b)*

**图 1-4　不同荷载传递形式的模块单元**

*(a)* 角柱支撑模块单元;*(b)* 连续支撑模块单元

速度上的优势。从使用功能上可以分为以下几种:

(1)电梯模块。

在传统工程中,电梯安装所需的时间往往决定了什么时候建筑能交付给业主使用。电梯的模块化安装技术,例如辛德勒公司的 MLSC 系统(如图 1-5 所示),已实现了对电梯快速的安装和调试。模块化电梯井可以和结构完全整合,并且可以通过设计作为抗风支撑使用,或者也可以采用自立式组件。

(2)楼梯模块。

预制楼梯具有安装迅速、简便的特点,并且在完成安装后立即可以提供给安装队或其他建筑工人使用。预制楼梯可以在完成面层做法(须做好相应的保护措施)后再整体安装,可以保持主体预制的状态进行安装,在安装后再完成相应的面层施工。

(3)走廊模块。

在某些体系中单体酒店模块由两间卧室以及中间的走廊组成,可以将两个卧室制作成单独的模块。在这种情况下,用楼层板制成的走廊模块

**图 1-5　电梯模块单元**

可以在模块间起到桥梁的作用,并且这种布置的情况下,走廊模块可以用来消除建设误差的影响。

(4)机房模块。

由机电（M&E）生产的设备模块的优点和限制，已经被设备工程师，特别是专门从事大型商业建筑设计的设计师所熟知和领会。在这些应用中，空气处理装置和冷却设备可以以模块单元的形式被吊装到建筑物屋顶进行安装。

（5）厕所模块。

厕所模块通常采用自承重体系，通过吊装和滑移安装到建筑物楼层面的合适位置。很显然，按这种做法，厕所模块的地面一定会高于周边的楼面，除非抬升入口处楼板或采用其他构造层处理。

（6）房间模块。

该种结构本质为普通钢框架，只是在施工时为了减少现场工作量与节约施工时间，采用将模块化房间单元插入钢框架中的快速施工方式，如图 1-6 所示。该结构体系从结构受力来看，模块化单元只承受自身自重及模块内荷载，结构整体受力完全依靠钢框架，但其具有模块化建筑节省工期，节约能源，施工人员需求量少等优点。

**图 1-6　在钢框架中插入房间模块**

模块单元的大小受以下诸多因素影响：

① 运输设备及吊装设备规格；
② 现场位置和交通运输道路和通行条件；
③ 标准尺寸构件的有效利用。

模块化施工的首要基本原理，就是尺寸便于运输的标准模块单元的无限复制。通常来说，制造商希望使用"标准尺寸"，这样不仅便于批量采购，还有助于加快机械加工速度，从而缩短供货周期。

为节约运输成本，模块单元的宽度应该控制在 3.5m 以内。通常来说，模块单元的长度为 8~12m，最大可达 16m，但是因为吊装和运输过程有刚度和稳定性的要求，模块的尺寸不宜过大。

## 1.3　模块化轻型钢结构体系建筑的优点和适用范围

### 1.3.1　模块化轻钢结构建筑优势

轻钢结构体系的模块建筑主要的优势可以总结为以下几个方面：

（1）较短的建设时间：一般来说，模块化建筑相对于同体量的一般建筑建设时间可缩短 50%～60%，安装比较容易（包括连接部分）。由于模块化施工可以加速项目进程，使项目提前竣工，使业主的投资提前得到收益，由此产生巨大的经济效益。但开始前可能也需要较长的采购时间。

（2）卓越的质量：由以工厂为基础的质量控制体系和标准来实现。同时，钢材本身也是一种具有可靠质量保证的材料。

（3）经济性：高效的制造工艺，稳定的价格，更早的完工时间，投资回报时间提前。

（4）自重轻：模块化建筑比常规砌体结构建筑自重减轻约 30%，地基成本也相应降低。模块化体系非常适合在满足原建筑物承载力水平的前提下在其顶部进行扩建。同时，模块的运输和吊装难度和费用也相应降低。

（5）优秀的隔声和保温隔热能力：模块化建筑由于其建筑形式，隔墙部分均为双墙，中间有基本不流通的空气隔层，其保温隔声和保温隔热性能相对传统建筑要更好。

（6）尺寸精确：模块内部尺寸以及开口大小位置精度均可以保持在较高水平，在工厂生产环境下制作精度更容易得到保障。

（7）环境影响不敏感：在现场的资源浪费和环境破坏方面，高效的工厂生产科技比传统施工作业少得多。同时可以大幅降低现场施工作业过程中的污染，这点对选址于城市中心和环境保护区域的项目尤其重要。

（8）抗震性能好：钢结构模块具有很好的抗震性，意味着通常它能满足各国的抗震标准（或通过相对较小的修改）。

（9）再次利用：钢结构模块化建筑可以很方便地进行拆解，并在新的场地重新组装，如果业主或社会要求有变，可将单元拆分后在新址重新安装，从而快速而经济地创造新的建筑物。

（10）创新的筹资方式：模块化建筑体系所具有的快速和方便的模块修复和回收的能力，使其在一些传统建筑形式不可能实现的商业模式上的应用成为可能，例如产品租赁或分期购买等。

（11）适合城市迁空场地：对于一些小的城市迁空场地，当由于对环境的干扰以及场地位置等问题导致现场建设成本较高时，模块化建筑体系能提供更好的解决方案。

（12）减少现场人工要求：模块化建筑在现场完成安装所需要的建设和装修工人比传统建筑更少。

（13）先进的制造技术：模块化的制造方式是通过采用先进的制造技术，极大地简化在工厂和现场的工作量和施工难度。

（14）施工更安全：由于对现场施工管理更严格有序，模块化建筑现场施工已被证明比传统建筑形式更加安全。

（15）部件可以互换：由于采用了标准化的部件、节点构造、装配夹具，采用轻钢结构的模块部件可以很容易地进行互换。

（16）适应性和扩展性强：对模块化建筑而言，添加模块单元或者从建筑中拆除模块化单元都是一个非常迅速和直接的过程，能将对周边已有建筑物的运营的影响降低到最小。

（17）流动性强：设计模块化单元时都考虑到了运输的方便性，而且可以用于出口

（取决于合理的运输费用）。

（18）降低专业费用：模块化建筑标准化的细部设计简化和降低了对于专业设计的依赖度。同时，重复性的加工生产将会带来规模经济效应。在大项目中，通过模块的重复生产或房间单元的标准化生产，可产生非常可观的经济效益。

（19）设计灵活性：钢结构模块可以分为垂直模块或水平模块，而且均能提供很好的承载能力。

（20）复杂设备和装置的场外安装：对于特别复杂的设备和装置，或者对于精度、清洁度有特殊要求的精密仪器，相对于条件受限的现场环境，可控的工厂环境显然更适合完成其安装工作。

### 1.3.2 模块化建筑给承包商和业主带来的利益

随着钢结构模块化建筑应用的不断推广，采用模块化建筑体系的新的优势将不断涌现。总承包商和业主的两个方面利益都得到很好的体现。

（1）总承包商的利益。

与延长的采购周期以及额外费用相比，更短的施工工期能给总承包商带来更大的利益。模块建筑体系的现场施工速度加快的优势，表现为住宅建筑或者其他类似建筑的运作效率提高、成本降低。

现场施工加快可为承包商节省以下方面的成本：

① 现场成本：

a. 施工时间（人工成本）；

b. 人员数量；

c. 储存设施和建筑物周边空间。

② 设施费用：

a. 现场设施；

b. 脚手架；

c. 现场设备。

同时，模块化建造模式会大大减少现场建筑垃圾的产生，垃圾减少的结果是施工垃圾处理和填埋费用相应减少。有数据表明，采用模块化建筑施工，施工垃圾可减少80%，相当于垃圾处理和填埋费用降低了施工成本的1%～2%。而且由于施工质量造成的返工减少，承包商通常预留的一定比例的查缺补漏或者缺陷整改的专项费用的比例也有所下降。

③ 进一步运作收入很难去量化，取决于项目的地址和规模以及模块单元可重复性。以下情况下同种模块单元使用效率最高：

a. 整个项目中模块的尺寸和设计是相同的；

b. 模型是重复其他项目的模块设计；

c. 道路和吊车的使用能够促使模块快速安装；

d. 基础设计可以简化。

总结了总承包商获得的主要施工利益。施工现场准备、存储和设备节省的总成本占全部施工成本的10%～15%（见表1-1）。

模块施工过程中产生的效益和额外成本 表 1-1

| 效 益 | 额 外 成 本 |
|---|---|
| (1)现场不受天气影响停工；<br>(2)降低招标费用；<br>(3)使用更少的设备，例如叉车、湿作业设备和车辆；<br>(4)减少现场施工管理问题和返工；<br>(5)减少现场材料、脚手架等存量；<br>(6)降低对技工的依赖；<br>(7)简化施工现场准备工作：<br>①更少的员工办公设施；<br>②减少租赁费用；<br>③减少脚手架成本；<br>④更少的监督成本；<br>⑤更少的现场管理费用。<br>(8)降低施工过程中对昂贵设备的损耗；<br>(9)减少材料损耗、清除废料、土地平整相关费用；<br>(10)降低结构设计费用(特别针对设计和制造商)；<br>(11)降低基础造价(由于轻钢结构自重较轻) | (1)安装模块单元时租用较大吨位吊车；<br>(2)模块出厂到现场增添了运输成本；<br>(3)模块单元间的细部连接需谨慎控制和良好工艺；<br>(4)承包商的利润集中在构件采购上；<br>(5)相比于其他建造形式，需提前采购材料，如果模块单元没有及时设计和订购，这将产生额外的费用；<br>(6)临时工况条件下，结构设计保守(包含在出厂价中)；<br>(7)承包商可能不擅长模块化建筑施工 |

（2）项目业主的利益。

模块施工的速度和项目运作的稳定性，使得客户或业主可以获得财务或商务相关的利益。一些利益可直接通过建筑类型计算得出，其他的是抽象的，需要根据运作设施停工的潜在可能造成的间接损失来判断。

住宅建筑或者酒店，提前完工时间带来的财务收入增加和利息减少，可根据进度计划提前具体几周计算，从而获得每周的财务收入。以一个中等酒店为例，45 周的工期缩短 20 周，那么时间节约的成本占施工总成本的 22%。

客户或者建设运营方更全面的节约估算见表 1-2。很明显，最大的利益是重复使用项目的标准模块或者使用其他项目类似的模块的技术规格。潜在的成本节约（即盈利回报）可以达到施工成本的 10%～25%，取决于项目的规模和重要性。

对业主（可能转嫁给使用者）可能节能成本和增加费用的清单 表 1-2

| 效 益 | 可能的额外成本 |
|---|---|
| (1)降低施工现场准备的费用；<br>(2)由于干作业施工，没有材料收缩和裂缝修补、破坏等；<br>(3)重复性生产产生的规模效益(依赖项目大小)；<br>(4)可估算设计周期、长期投资风险小；<br>(5)通过试验是否生产大量相似模块以降低设计成本；<br>(6)建造使用的现金流少；<br>(7)模块建筑是可重复利用的 | (1)由于安装时升降和运输要求，模块单元可能会有结构冗余；<br>(2)非标准单元或构件可能会贵(依据建筑形式)；<br>(3)顾客需尽早确定方案，如果变更过晚会增加成本 |
| 商业因素 | |
| (1)使用设备的风险降低，操作风险降低；<br>(2)工期短，投资回报快；<br>(3)工厂内完成复杂安装，减低现场损坏的风险；<br>(4)高精度施工有助于精密构件安装；<br>(5)施工过程中减少业主的安全成本 | |

使用轻钢体系的模块化建筑在民用建筑领域已经有了很多应用，特别是在居住建筑中推广很快，例如酒店和公寓等。日本的轻钢体系模块化房屋在低层住宅市场得到了良好的推广。当对建造速度和建筑品质有高水准的要求时，模块化建筑体系在某些应用场景下会变得非常有吸引力。现代使用模块化技术的永久性建筑需要与广泛使用的临时性建筑区分开来，由于临时建筑的建造成本以及使用用途限制，其建造标准往往较低。

模块化施工在传统混凝土或砌块建筑改扩建项目中也已经占有一席之地，这类项目通常通过外部安装模块单元的方式建成新的使用空间。

通常来说，对于新建筑或改造项目，人们都希望最大程度地加快现场施工进度，同时降低施工对其他活动或现场条件（如天气状况）的依赖性。

随着时代的发展，制造商负责处置废弃建筑构件的可能性越来越大，在欧洲一些国家，构件的生命周期成本中已经包含这部分构件的最终处置费。模块化建筑的可拆解性为模块的翻新和再利用提供了充分的机会，而且也为用于制作模块的材料和部件的重复利用提供了可能性。

只有在项目前期就按模块化建筑的特点进行设计，模块化建筑的优势才能得到充分的发挥。而模块化施工是否被居住型建筑采用，主要取决于建筑形式、地理位置、业主自身和规划要求等因素，其主要适合于具有以下特点的项目：

（1）重复建设项目，可在设计和加工阶段实现这类项目的规模经济。

（2）外形基本一致的常规建筑或单元式建筑。

（3）城市中心区域项目。由于城市中心往往拥挤不堪，空间受限导致部分施工机械和施工方法无法使用。

（4）对建设过程噪声和污染控制严格的项目。

（5）改扩建项目，包括建筑加层。

（6）计划换址或扩建的项目。

对于新建项目，由于建筑模块有特定的尺寸要求，同时要发挥模块建筑的成本和效率优势，也需要尽可能地减少项目中采用标准模块的种类。因此，以下具体的建筑类型最适宜于使用模块化建筑体系：

（1）酒店和酒店拓展。

（2）"蜂窝形"公寓单元。

（3）学生公寓。

（4）教学楼。

（5）收容所、养老院等。

（6）商业建筑的厕所单元。

（7）商业建筑、医院等的机房。

（8）专用服务单元，例如电梯井以及工业级的"无尘"房间等。

（9）已有建筑的屋顶扩建。

（10）"面板式"建筑装修使用的外部拓展式单元。

（11）预制建筑，例如快餐店和加油站等。

一个模块化卧室单元的内部布置如图 1-7 所示。

图 1-7 装配式卧室模块单元

# 2 设 计 原 则

## 2.1 概述

（1）功能要求。

在房屋设计中，对于建筑的一般性能问题，模块化建筑与常规建筑中的要求一致。但由于模块化体系建筑的特点，对于建筑性能也有一些独特的要求。因此，模块化钢结构房屋对房屋性能的具体功能要求包括：

① 承载力，包括对运输和吊装的荷载要求；

② 消防安全，受防火分区的影响；

③ 隔声性能，这一性能可通过增大单元之间的空气间隙提高；

④ 保温性能，受围护结构类型和保温等级影响；

⑤ 抗意外损坏能力，主要受各模块单元间的连接影响；

⑥ 与围护结构和屋面的界面。可加工各种形状的屋面，复杂造型屋面的经济可行性主要取决于其重复利用率；

⑦ 服务性能及排水能力（包括不同模块单元间的服务接通）；

⑧ 围护要求及其便利性，特别是服务性能。

（2）性能要求。

性能要求也取决于建筑物的类型。从常规的项目情况来看，一般将居住型建筑定义为复杂型居所，与休闲型或工作型截然相反，主要包含以下的类型：

① 独立住宅和连栋房屋中的单个家庭房屋；

② 多用途公寓；

③ 保障性公寓和其他福利机构；

④ 学生宿舍；

⑤ 酒店或其他临时居所；

⑥ 医疗卫生机构。

（3）模块单元。

模块单元供应商通常会强调这些性能问题，并且已经找到应对解决方法和设计策略。供应商们会基于全尺寸模型试验，给出各自产品的性能参数。

模块单元与其他建筑组件的交界面对于模块化建筑体系在居住型建筑中的应用至关重要，这里所指的界面包括：

① 基础；

② 围护结构；

③ 屋面；

④ 机电设备；

⑤ 建筑扩建。

而且，模块单元可以移址，在设计时应考虑这部分的性能需求。虽然建设之初对这一性能并无要求。

（4）模块化施工。

模块化施工的特殊优势在于其施工和装饰质量高，因为可通过改善加工车间环境和工人技能等方面对成品质量加以控制，特别是对于一些诸如卫生间和厨房等的功能性单元和高附加值单元的质量把控，效果非常明显。

## 2.2　建筑选型与模块布置

使用模块单元的建筑物可以像其他形式的建筑一样多样化，并具有建筑特色。然而，为了使模块建筑的经济效益最大化，应在概念设计阶段认识到模块单元预制品可重复性的经济约束效果，应尽量避免为适应非标准建筑而造成模块单元的过分修改。在这些经济约束下，有很多可以在不影响结构和模块单元生产效率的前提下提高方正建筑视觉上美观效果的方法。

图 2-1 和图 2-2 给出了一些将模块单元作为主要构件的建筑项目。在平面和立面上偏移模块单元、阳台和屋面模块单元附件的使用技术均可用于提高建筑美观效果。独立的钢结构框架起到局部支撑的作用，比如对阳台的支撑，或作为通道起到连接各模块的作用。

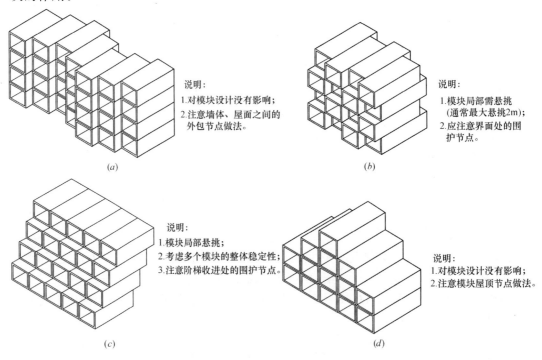

图 2-1　模块单元的不同堆叠形式

（a）模块平面偏移；（b）模块交替回轴；（c）模块阶梯悬臂布置；（d）模块金字塔形堆叠

图 2-1、图 2-2 给出的并非范例，但是说明了如何使模块技术更加灵活地适应不同建筑艺术要求和规划要求。在详图设计阶段必须与模块制造商保持密切联系，不过在经济约束范围内所有的节点在技术上都是可行的。

场外预制阳台、楼梯、垂直电梯的使用，增加了模块单用在建筑物中的使用范围。在传统框架结构建筑物中，预制卫生间等功能性房间的使用比较广泛。

图 2-1 中给出了多种不影响结构设计的模块单元排布方式，图 2-2 给出几种模块建筑悬臂梁和中庭的布置方式，可将中庭的布置原则扩展为各种布置方式的变体，中庭部位四周应设有独立的雨篷。

还有些没特别说明的模块单元技术，包括放射状定向模块和部分开口模块。这类模块造价可以较灵活的控制，但是在不同楼层对承重墙进行偏移比较受限。

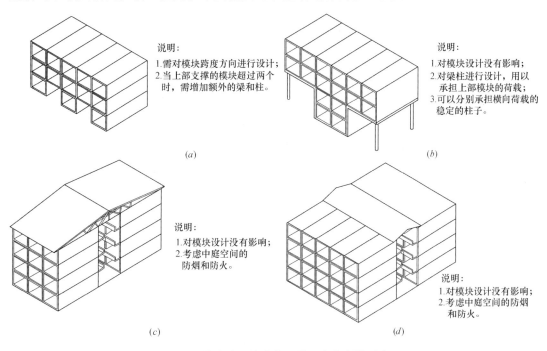

**图 2-2 模块单元的建筑悬挑和中庭布置形式**

（a）上部模块跨越下部模块间隔；（b）模块与悬挑端部有支撑的分离式框架组合；（c）设有中庭和分离式屋面板的模块建筑；（d）设有中庭和局部屋顶的模块建筑

## 2.3 结构体系与设计荷载

轻钢龙骨模块单元的结构设计由模块制造商或厂家结构工程师负责。他们对这种特定系统的经验丰富，并且已经设计出许多连接节点，包括模块单元间连接节点，模块与基础间的连接节点，吊装点的局部结构加强节点等。因此，通常将顾问工程师的角色界定为现场专项工程师如基础工程师或结构整体协调人员等。

模块单元在平面和立面的布置方式会影响荷载传递路径，许多配置方式均可行并可以保证不影响结构承载性能。

## 2.3.1 结构荷载与验算

建筑物应具有能够安全有效地传递永久荷载和附加荷载而不产生影响结构稳定性的过度变形的性能。

结构设计中的风荷载和雪荷载可参考建筑荷载规范取值，模块在运输、吊装和安装过程中受集中荷载作用，尤其在吊装点或相邻构件接触点处会产生严重应力集中现象，需对这部分连接点或接触点进行结构加固。有些情况下，需要用热轧型钢代替轻钢龙骨进行薄弱部位的结构加强。

## 2.3.2 墙体结构设计

轻钢龙骨承重墙承受屋面或楼板传递下来的轴向荷载作用，以及由风荷载或其他偏心荷载产生的弯矩作用。非承重轻钢龙骨墙仅承受风荷载作用，通过龙骨构件弯曲抵抗风荷载。内隔墙设计用于抵抗各类内部压力，这种内部压力远小于外部风压荷载。因此需要控制外墙的设计，使之能够有效地承担外部冲击力和起举力。

通常来说，外墙的挠度大于内墙，因为外墙需为围护结构提供横向支持。例如，作为砌块墙横向支持的轻钢龙骨墙挠度不应大于墙高度的 1/500，如果为钢板墙，挠度允许达到墙高度的 1/250。

对于层高大于等于 3m 的龙骨墙，需使用翼缘宽度为 70～150mm，腹板宽度 400～600mm 的 C 形龙骨。内墙和外墙的施工实例如图 2-3 所示。内嵌在龙骨墙中的岩棉可增加墙体的隔声性能。在龙骨墙内表面安装一层或两层石膏板，或其他内衬材料，应通过合理选择龙骨间距来与石膏板尺寸兼容，以此方式避免材料浪费。有些墙面内衬材料尺寸较大，这样不仅可以大大减少接缝数量和嵌缝工作，而且还有助于加快现场施工进度。

在低层建筑中，设计将标准模块单元用于承受最不利荷载。对于高度超过 5 层的建筑，低层模块单元承受的荷载应大于高层模块单元所承受的荷载，相应地，应对低层的龙骨进行加密，或采取其他加固措施。

模块化施工中的内墙通常为双面构造，大大增强了其隔声性能。内隔墙的厚度一般在

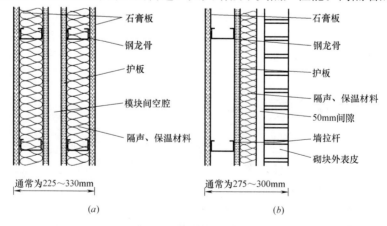

图 2-3 内墙和外墙做法示意

（a）分隔墙；（b）外墙

225～330mm 之间；砌块龙骨组合外墙厚度一般介于 275（龙骨 75）～330mm（龙骨 150mm）之间。

### 2.3.3 楼板结构设计

模块建筑的楼板和天花板为双层构造，详见图 2-4 所示，其厚度由跨度决定。通常情况下，楼板厚度约为 150～200mm，天花板厚度约为 100～150mm，但是对于半开启式模块，由于边梁需要横跨模块整个开启面，屋顶或楼板厚度可达 500mm。结果导致楼板厚度比常规施工做法大，但建筑的隔声性能也相应地提高很多。

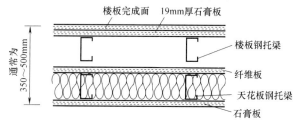

图 2-4 楼板和天花板做法示意

模块单元中的楼板通用节点做法为在 C 形托梁上安装地铺面板，或直接将钢面板搭设在模块单元的边梁上。在已完成的结构中，边梁由承重墙支撑，但是在施工过程中，边梁起到抵抗扭矩的作用。对于角支撑模块单元，楼板和边梁将荷载传递给已经进行过局部增强的模块单元角件上。

托梁可以伸入模块单元墙体中，或用吊件或连接板支撑，当设置连接板连接时，连接板应与托梁腹板连接以减少应力集中，防止发生局部屈曲。

为了得到大型的侧边开启式模块单元，一般选用热轧型钢或轻钢脊梁作为边梁，以支撑小跨度托梁。这种情况下，脊梁一般参考楼板厚度设计。脊梁两端产生集中支座反力，由箱形截面柱承担。通过将脊梁有效连接在外部柱形或门式刚架的方式来增强建筑物的整体稳定性。

当楼板跨度较大时，可以采用剪刀撑和四周固定两种方式来为托梁提供横向支撑。一般来说，模块单元内部的楼板托梁跨度大于等于 3.5m 时应使用剪刀撑和四周固定等方式进行水平向加固，跨度太小则无须使用。但是，对于一些可能发生弯曲的 C 形薄壁托梁构件，制造商通常通过改变构件放置方向的方式减小弯曲的影响。

轻钢龙骨楼板托梁与木质面板的组合设计，主要考虑影响其使用功能的变形与振动：

（1）外荷载产生的挠度不大于楼板跨度的 1/450；

（2）总挠度（包括自重产生的挠度）不大于楼板跨度的 1/350，且不应超过 15mm；

（3）固有频率应大于 8Hz（用自重加 0.3kN/m² 方式计算）；

当承受 1kN 点荷载时，应限制楼板的挠度。模块施工中，楼板托梁用于承受这部分点荷载。不同跨度对应的允许挠度见表 2-1。对于角部支撑模块单元，需考虑使用过程中楼板托梁和边梁的累积挠度。

承受 1kN 点荷载时楼板的挠度限值　　　　　　　　　　表 2-1

| 跨度(m) | 3.5 | 4.2 | 5.3 | 6.2 |
|---|---|---|---|---|
| 最大挠度(mm) | 1.7 | 1.5 | 1.3 | 1.2 |

## 2.3.4 轻钢龙骨节点

轻钢龙骨构件连接有几种方法，部分连接节点见表2-2中所列。通用连接节点的设计准则及详图应遵照现行规范规定。制造商应根据自身所做的试验数据，选取最适宜生产加工的连接方式。

为了保证建筑的整体性和坚固性，需要进行模块间的结构连接，但是需根据不同的模块形式和特定的应用需求选取不同的节点形式。

楼板面板、石膏板、衬板可使用自攻螺钉安装。

轻钢结构中的典型节点 表2-2

| 焊接节点 | 典型的抗剪能力：<br>通过测试(可达到截面最大抗剪强度) |
| --- | --- |
| | 焊接：轻钢截面可以通过连续的焊缝连接在一起。施焊过程中需注意确保连接的构件不被破坏，因为母材非常薄。镀锌钢板的焊接要特别小心。为了保证钢材的性能,焊接影响区域在施焊后应涂刷富锌底漆保护 |
| | 点焊：点焊主要应用在工厂预制。在被连接的钢构件两侧和焊接工具的端头产生电弧。焊接工具放置在可被支撑且容易移动的最合适位置,以便形成点焊。每个连接节点至少需要3个焊点 |
| 螺栓连接 | 典型的抗剪能力：直径12mm螺栓：8~12kN |
| | 螺栓是连接轻钢截面的普遍选择,因为截面上的孔在辊轧过程中即可轻易加工。节点通常布置成主要承受剪力,节点的性能通常取决于较薄截面的承载力 |
| 螺钉连接 | 典型的抗剪能力：直径5.5mm螺钉：5kN |
| | 自攻螺钉普遍应用于连接轻钢构件,通过一次操作,螺钉的钻头部位即可在钢构件上钻出孔洞,同时在攻丝部位可以形成螺纹。尽管需要小心操作以保证凸出的部位不会破坏装饰,但这项技术由于操作方便已普遍应用于连接墙板或现场粘接框架。每个节点至少需要两颗螺钉。<br>自攻螺钉也被用于诸如塑料板、防水板、楼板、保温层和面板等装饰材料与轻钢结构连接。对锁螺钉螺纹不连续,可被用来固定吊顶保温板与轻钢龙骨连接,而不会破坏保温层 |

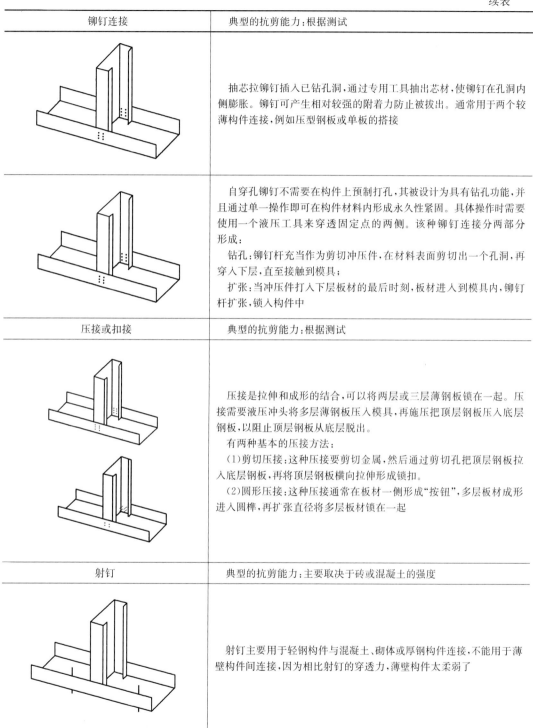

| 铆钉连接 | 典型的抗剪能力:根据测试 |
| --- | --- |
|  | 抽芯拉铆钉插入已钻孔洞,通过专用工具抽出芯材,使铆钉在孔洞内侧膨胀。铆钉可产生相对较强的附着力防止被拔出。通常用于两个较薄构件连接,例如压型钢板或单板的搭接 |
|  | 自穿孔铆钉不需要在构件上预制打孔,其被设计为具有钻孔功能,并且通过单一操作即可在构件材料内形成永久性紧固。具体操作时需要使用一个液压工具来穿透固定点的两侧。该种铆钉连接分两部分形成:<br>钻孔:铆钉杆充当作为剪切冲压件,在材料表面剪切出一个孔洞,再穿入下层,直至接触到模具;<br>扩张:当冲压件打入下层板材的最后时刻,板材进入到模具内,铆钉杆扩张,锁入构件中 |
| 压接或扣接 | 典型的抗剪能力:根据测试 |
|  | 压接是拉伸和成形的结合,可以将两层或三层薄钢板锁在一起。压接需要液压头将多层薄钢板压入模具,再施压把顶层钢板压入底层钢板,以阻止顶层钢板从底层脱出。<br>有两种基本的压接方法:<br>(1)剪切压接:这种压接要剪切金属,然后通过剪切孔把顶层钢板拉入底层钢板,再将顶层钢板横向拉伸形成锁扣。<br>(2)圆形压接:这种压接通常在板材一侧形成"按钮",多层板材成形进入圆榫,再扩张直径将多层板材锁在一起 |
| 射钉 | 典型的抗剪能力:主要取决于砖或混凝土的强度 |
|  | 射钉主要用于轻钢构件与混凝土、砌体或厚钢构件连接,不能用于薄壁构件间连接,因为相比射钉的穿透力,薄壁构件太柔弱了 |

## 2.3.5　整体稳定性

所有承重结构必须稳固支撑,以防止其在水平荷载的作用下产生阶梯形错台移动。楼板面板在水平面上通常起到横隔板的作用，用于支撑结构。增加垂直面稳定性的四种主要方法如下：

（1）K形支撑。将C形龙骨斜向固定在龙骨墙内，确保其与竖向龙骨有效连接，以有效传递拉力和压力。

（2）X形支撑。将扁钢交叉固定于龙骨墙表面，这些扁钢仅用于承受拉力，亦可在安装之前对其施加一定的预拉力。交叉的扁钢应与每根竖向龙骨形成有效连接。

（3）横隔板。通过自攻螺钉将适当的面板或衬板材料固定在轻钢龙骨上的方式得到有效的横隔板，螺钉一般按照300mm的等间距布置，距板材边缘不小于150mm。

（4）钢构架。龙骨墙与楼板托梁间的通长连接增强了刚性构架或门式钢架的强度，从而提高了模块单元的整体刚度。

有些模块单元墙面有大开洞，两个或多个墙面大开洞的模块单元可以布置在一起，从而形成更大的房间。这种模型的运输方式和安装方式需要特殊考虑，可能需要布置临时支撑。临时支撑需要妥善布置，以便在模块单元安装完成后拆除。

## 2.3.6 坚固性

建筑规程要求五层及以上的建筑结构应设计成为能够集中承受意外损伤的形式。目前在建筑规程中尚无关于轻钢龙骨承受意外损伤的坚固性的资料。

多层模块建筑中包含大量按规律排布，且整体性和连续性程度很高的结构构件。在大多数工程应用中，对各个构件间连续性连接的要求可使建筑避免发生非比例破坏，由此实现结构的坚固性。

对轻钢龙骨模块化结构中连接和结构连续性规定如下：

**1. 楼板与屋面**

轻钢龙骨建筑楼板和屋面板中的水平连接构件应沿纵横两个方向连续布置；用作连接构件的轻钢龙骨构件及其端部连接应能承受下列极限拉力，而不应将该部分作为施加在其他构件上的外荷载：

（1）楼板连接件：$0.5(1.4g_k+1.6q_k)L_a$，且不小于5kN/m（对于屋面板，应不小于3kN/m）。

（2）内设连接件：$0.5(1.4g_k+1.6q_k)s_tL_a$，且不小于15kN（对于屋面板，应不小于8kN）。

（3）外围连接件：$0.25(1.4g_k+1.6q_k)s_tL_a$，且不小于15kN（对于屋面板，应不小于8kN）。

以上三式中：$g_k$——为规范规定的单位面积楼板或屋面板的永久荷载（$kN/m^2$）；

$q_k$——为规范规定的单位面积楼板或屋面板的外加荷载（$kN/m^2$）；

$L_a$——竖向支撑间两个邻跨间的平均距离（m）；

$s_t$——连系构件间横向间距的平均值（m）。

注：离散式拉力由楼板托梁连接端、屋架或椽子承担，将其乘以构件间的距离可得到连接端的拉力。例如，按400mm间距布置的楼板托梁的最小拉力为$5×0.4=2kN$。

**2. 墙体**

建筑外围的系杆应与结构其他部分有效相连，如果竖向荷载由密集构件的离散组合结构承担，那么为保证整个结构系统的有效连接，系杆应均匀布置在结构体系中。固定外围竖向构件所需力值取决于构件间的中心间距，一般取极限承载力的1%。

除了楼板外荷载不小于15kN和屋面板外荷载不小于8kN的规定不适用于龙骨墙的情况外，楼板与墙体的连接节点受拉承载力一般按上述楼板与屋面的规定设计。

如果主结构包含离散分布的立柱，那么连接到最靠近楼板或屋面板边缘的立柱上的系杆应能够承受极限拉力，且系杆与楼板或屋面板边缘垂直布置，受力约等于上述第1条中给出的内设系杆所承受荷载的较大值，或为极限外荷载的1%。

所有主要竖向构件的节点应能承受不小于施加在竖向构件上的外荷载或设计极限承载力的2/3。

支撑系统（离散式构件或横隔板）应在整个建筑物中沿着纵横两个方向相互垂直布置，主要用于抵抗水平外荷载，而不是用单个节点抵抗外荷载。

**3. 轻钢结构中立柱失效问题**

如果上述规定中系杆和连系件的条件均不满足，设计人员应逐层检查，确保非比例破坏不是由承受竖向荷载构件的理论上的失效引起的。

模块结构与砌体结构非常相似，需考虑宽度为2.25倍建筑层高的墙体的理论上的失效问题。根据轻钢结构构件长边方向跨越的受力特点，墙体的长度对受力影响不大。

一般建筑仅需考虑1/3外荷载和永久荷载的作用，但是，对主要用于存储的建筑物或始终承受外荷载作用的建筑物，外荷载按实际取值，不进行折减。在不考虑结构倾覆的情况下，外荷载应乘以分项系数 $r_f$，一般取值1.05；产生恢复力矩的永久荷载应乘以分项系数0.9。

模块化施工不同于其他施工方式，它的连续性更强，比如说一些堆叠起来的模块可能承受某个模块单元被移除的影响。因此，对于类似于移除某个支撑构件的这种案例的审查，最好使用"基于场景的"方法。

在任何情况下，根据损害定域测试分析得到的存在坍塌风险的建筑范围应不超过某层楼及其以上部分总面积的15%或不超过70m²，同时下层相同位置的楼面需要承担上部坍塌楼层掉落的建筑残骸产生的荷载。因此，可以认为共有140m²区域面临坍塌风险。

**4. 模块结构中的关键构件**

如果某个竖向承重构件的失效可能会导致更大区域的建筑物有坍塌的危险，那么这个竖向承重构件应被设计为关键构件。对于这类关键构件的设计应遵循以下荷载选用原则：

（1）应施加34kN/m²的爆炸压力作用于龙骨或立柱的宽度方向；

（2）来自楼板上部的折算轴向荷载（永久荷载+1/3附加荷载）；

（3）不考虑石膏板的侧向约束作用；

（4）不考虑风压；

（5）效应规定等效水平力不考虑 $P-\delta$ 效应；

（6）关键构件中钢材的设计强度可取为名义屈服强度的1.2倍，这里认为钢材承受爆炸压力时材料强度达到正常使用强度，并达到设计规定的应变率。

**5. 砌体作为外围护材料的模块结构的相关要求**

在进行砌体设计时，需要采用特殊手段以避免砌体围护结构在意外情况下发生非比例坍塌，通常情况下，模块结构仅为砌块墙提供横向支撑，砌块墙的自重直接传至基础。

**6. 提高模块建筑坚固性的方法**

与常规建筑类型不同，模块建筑尽管模块本身刚度较大，当模块被放在一起组成整体建筑时，荷载是通过模块单元的墙体或者刚性角件传至基础。由于荷载路径存在移动的可能性，所以墙体应按下述方法进行设计（任选其一）：

（1）以深梁或横隔板的形式横跨受损区域。

（2）由相邻单元支撑，主要承受拉力作用。

第（2）种设计方法意味着模块单元不仅要在水平方向上连接，在竖直方向也须进行连接。轻钢龙骨模块制造商应负责绘制水平连接节点详图，并合理选用连接件，以满足模块建筑整体性的要求。

## 2.4 防火与消防设计

### 2.4.1 耐火性能规定

钢构件的防火是通过适当的防火保护实现的。两层防火石膏板可以提供 60min 的耐火时间。进一步的要求是阻断烟雾或者火焰的传播通道，特别是在单元之间、沿走廊、通过设备管道等位置。在关键位置可以使用特制防火阀和膨胀密封件，以降低火灾蔓延的风险。

消防安全是为了提供适当的火灾下人员的逃生方式，旨在确保结构整体性，控制火灾蔓延使之不超越防火分区。耐火性能依据耐火时间确定，在规定耐火时间内，浓烟和火苗穿过时建筑须保持结构稳定性和整体性，燃烧不能跨越防火分区。

通过使用高耐火性能的石膏板，模块化建筑基本可以满足防火要求。生产厂家也可以选择耐火等级相似的水泥刨花板、石膏纤维板等来满足防火要求。

两层房屋或公寓，所有结构构件需保证 30min 耐火时限要求，两栋建筑间隔墙的耐火时间应不低于 60min。任何高度大于 5m 的带有楼板的居住型建筑的耐火时间不低于 60min，隔墙必须使用难燃材料建成，并且建筑高度越高，对耐火时间的要求越长。地下室对防火分区有额外要求。

每个模块要按照以下要求内衬 1~2 层防火石膏板：

（1）双面安装单层 12.5mm 厚耐火石膏板的龙骨墙，耐火时间为 30min；

（2）双面错缝安装两层 12.5mm 耐火石膏板的龙骨墙，耐火时间为 60min；

（3）在轻钢龙骨托梁上先安装 18mm 厚企口板，再安装一层 12.5mm 厚耐火石膏板并做填缝处理，楼板的耐火时间为 30min；

（4）在轻钢龙骨托梁上先安装 18mm 厚企口板，再错缝安装两层 12.5mm 厚耐火石膏板并做填缝处理，楼板的耐火时间为 60min。

衬板材料层出不穷，制造商可以按需选择性价比高的材料加工模块，但必须满足上述耐火时间要求。

在进行模块拼装时，相邻模块的墙面和楼板可拼成一个带有空腔双层构造，由于两侧都布置了多层的耐火石膏板，可以达到非常好的防火性能。

对于耐火时间要求超过 60min 的构件，可用 10～15mm 厚的水泥刨花板和石膏纤维板代替上述防火构造中的板材。当使用多层衬板时，需保证各层板错缝安装，以保证火灾下最大程度的完整性。

承包商必须通过试验或消防专家评估，证明所建议的任何施工方式均可达到要求的性能指标。

## 2.4.2　防火分区节点

在居住型建筑中，每个房间为一个单独的防火分区。在防火分区之间起分隔作用的墙体和楼板要求耐火时间为 60min，酒店等居住型建筑，每个卧室形成独立分区。模块建筑中的双层墙体可用作防火分区隔墙。

图 2-5 所示为模块建筑中可以满足现行防火分区建筑规程的构造形式。一般来说，用于防火分区的楼板的隔声性能也很好，可有效降低房间之间声音的干扰。

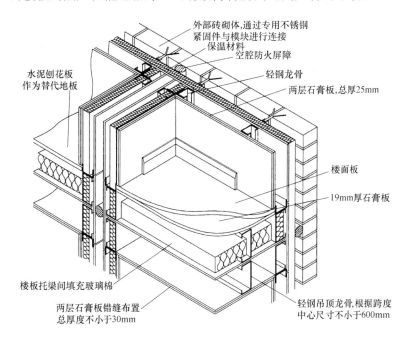

图 2-5　隔层楼板、隔墙、外墙防火分区做法

## 2.4.3　避免火灾蔓延

在居住型建筑中，除了面积小于 4m² 的房间外，内衬材料的火灾蔓延等级最高为 1 级。通用石膏板内衬材料可满足上述要求，其余可满足要求的材料见表 2-3 中所列。

## 2.4.4　外部火焰蔓延

超过 20m 高的建筑外墙应选用有限可燃性的围护材料和火灾蔓延等级为 0 级的外围护材料。在这种情况下，对不封闭的建筑洞口尺寸也有限制。设计中可选用多种的围护类型以满足上述要求。

表 2-3

| 等　级 | 材　料 |
|---|---|
| 0 级 | 砖<br>水泥抹灰材料<br>水泥刨花板<br>石膏纤维板<br>石膏板<br>0 级防火阻燃木板 |
| 1 级 | 1 级防火阻燃木板 |
| 3 级 | 密度大于 400kg/m³ 的木板 |

常用围护材料和衬板材料的火灾蔓延等级

## 2.4.5 逃生通道

地面以上高度超过 4.5m 的建筑，其逃生通道处的建筑结构耐火时间至少为 30min。适当的逃生通道应作为模块建筑设计的一部分。模块单元间的固有分隔为防止火灾蔓延提供了有效屏障，相邻模块单元间的建筑空间（如酒店走廊），可设计成满足要求的逃生通道。为确保模块单元的设计和布局能满足消防要求，应在方案设计阶段便对逃生通道予以考虑。

## 2.4.6 空腔隔断

空腔隔断用于阻止隐蔽空间中的烟雾和火焰蔓延。模块建筑中，在模块单元形成防火分区的情况下，模块单元间应设置空腔隔断。当模块单元现场固定完成后，通常将 50mm 厚增强矿物棉嵌在空腔内。

模块单元与分隔墙交叉点处的外围护结构之间的空腔应设置空腔隔断，水平方向设置于楼板与屋面的汇接点处，竖向按最大侧向间距 20m 设置（或材料暴露于空腔内且并非 0 级或一级）。图 2-6 所示为空腔屏障设置位置，该位置处保证了分隔墙满足建筑规程防排烟要求。

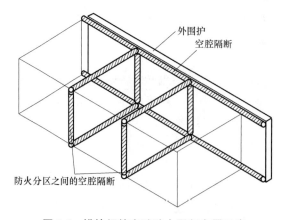

图 2-6　模块间的空腔防火隔断布置示意

注意空腔材料的选择，以此确保空腔屏障和围护结构在火灾环境中仍能保持良好工作性能。可以选择增加一层耐火背衬材料，一方面可以保证火灾中的隔热要求，另一方面可以防止背火面物体燃烧。

在防火墙穿透处必须设置空腔屏障或挡火物。

## 2.5 隔声性能

### 2.5.1 概述

模块化建筑具有高水平的隔声性能，主要是因为其每个模块具有单独的楼板、天花板和墙体构件，可以防止声音沿构件直接传播。模块化单元往往在酒店建筑中使用，也是由于酒店一般对房间之间的隔声性能要求很高的缘故。模块之间的间隙降低了噪声贯穿整个建筑的风险。同样，由于模块的楼板结构与天花板结构是独立的，所以上下模块之间也有一道间隙。单元之间仅在角部或其他离散点进行结构连接，在这些位置也会使用隔声垫来限制声音的直接传递。

表 2-4 显示了分离式墙和楼板的声学性能的要求。这些要求都与已建成的轻钢体系模块化建筑的独立测量数据进行了比对。结果表明，模块化建筑在隔声方面达到了很高的水准，其性能可以看作已远远超过了建筑法规和安静住宅标准的要求。

墙体和楼板声学性能的比较　　　　　　　　　　　　　　　表 2-4

| | 分离式墙的空气隔声($D_{nTW}$) | 分离式楼板的空气隔声($D_{nTW}$) | 分离式楼板撞击声音反射($L_{nTW}$) |
|---|---|---|---|
| 建筑法规 | >53dB | >52dB | <61dB |
| 安静住宅 | >56dB | >55dB | <58dB |
| 模块建筑实测数据 | | | |
| 酒店 | 60dB | 57dB | 48dB |
| 样板房 | 72dB | 62dB | 49dB |

传统方法中将增加楼板和墙体厚度作为实现建筑物隔声性能的方法，但是这种方法无论从施工可行性还是经济性方面对轻钢龙骨结构均无效。在轻钢龙骨建筑中，通过设置空腔、安装多层材料、使用隔声性能好的材料等方式达到提高隔声性能的目标。通过增加隔声棉和隔声板，便可得到更高的隔声性能。

图 2-7 说明了声音隔离的重要性。只要两面墙体处于分离状态，其隔声性能即为单个构件隔声性能的简单线性叠加。通常建议外墙完成面与相邻房间距离不小于 200mm。

模块化单元制造商为了改善模块单元之间的降噪（衰减）性能，采用的一些常规措施主要包括：

（1）确保相邻模块之间的间隙，以及上部模块楼板下侧和下部模块顶板之间的间隙得以保留（无杂物）。

（2）每个模块的钢构件的内表面布置两层重叠的 15mm 厚的石膏板。

（3）在钢构件之间布置大约 100mm 厚的隔声材料，以减少声音反射。

（4）在每个模块钢结构外表面布置一层石膏板或者 OSB 板（定向刨花板）作为外部

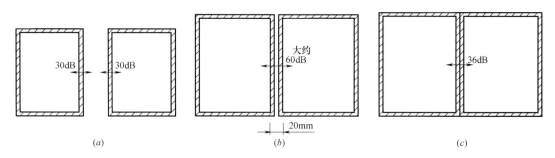

图 2-7 墙体间距离对隔声性能的影响

覆盖层。

（5）在安装墙体和天花板上的石膏板时可以采用弹性杆。这项措施可以降低直接传给结构的噪声，但是通常认为通过其他的措施不采用弹性杆也能达到良好的隔声性能。

（6）在模块的结构连接节点处安装隔声垫，减少声音的传播。氯丁橡胶垫片使用得最多。

（7）预制的地板由很多层材料组成，其中包含一层弹性材料，可以增强模块的隔声性能。这样的地板可以采用一层胶合板、一层 30mm 厚的浮式地板级岩棉和一层 19mm 厚石膏板组成。

（8）可以在地板上表面放置隔声垫，减少通过地面传播的撞击声。

实现优良隔声性能的模块间分离式楼板和墙板的细节做法如图 2-8 所示。针对典型的现代模块化建筑的不同情况提供了两种选择。配套的石膏板和弹性杆均能有效的衰减能量。岩棉被放置在墙体龙骨之间，或者放置在楼板托梁、天花板托梁之间，如图 2-8（a）所示。

由于隔声性能特别受到空间之间空气通道的影响，所以服务管道等贯穿开口周围的处理应该要特别注意。当电源插座穿透石膏板时，其背后应该要仔细地进行隔声处理，并且背靠背安装应尽量避免。电线一般会安装在预置管道内，以方便现场调试和允许采取额外的预防措施，以确保它们不会造成隔声性能的妥协。

轻钢龙骨施工采用干装配技术，湿抹灰用于填补开裂和板间缝隙。安装干燥衬板时，确保潜在的空气路径的有效密封至关重要，因为这些路径可能产生局部声音传递。

## 2.5.2 隔墙

图 2-9 所示为模块建筑中标准隔墙做法，良好的隔声性能需满足以下要求：

（1）双层结构；

（2）层间结构独立，连接最少；

（3）每层最小密度为 $25kg/m^2$（12.5mm 厚石膏板两层，或等效构造）；

（4）模块单元的两面墙间设置空腔；

（5）所有接缝处密封；

（6）安装矿物纤维棉。

在每个模块单元的轻钢龙骨构件外侧固定一层石膏板，既可作为耐候层，又可有效提高隔声效果。

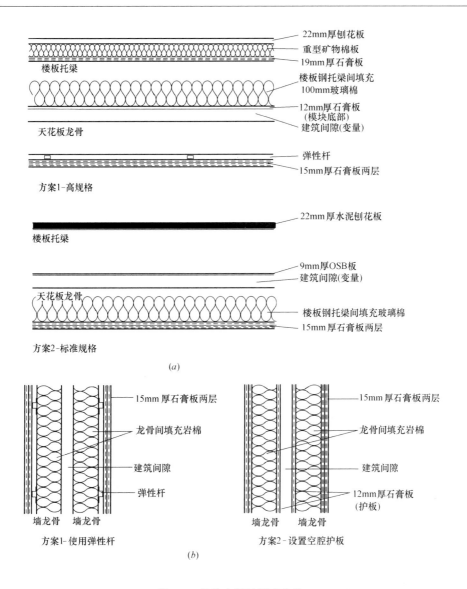

图 2-8　模块之间的隔声构造
（a）分离式地板隔声构造；（b）墙体隔声构造

### 2.5.3　隔离楼板

图 2-10 所示为模块建筑中的典型楼板构造示意图。与墙体一样，相邻模块单元的分离的天花板和楼板的隔声性能非常好，楼板和天花托梁中的内嵌矿物岩棉也大大增加了隔声性能。天花上安装的双层石膏板和楼板上安装的踩踏板（如 22mm 厚水泥刨花板或 19mm 厚石膏板＋22mm 厚木屑压合板），充分增加了楼板的厚度和体量。这种构造类型的楼板可以使空气声隔声效果高达 60dB，撞击声传声效果在不加设回弹层的情况降低到 50dB 以下。

可通过以下方式进一步增加楼板的隔声效果：

（1）在天花板和墙面安装石膏板时使用弹性棒，减少直接传递至结构的声音。

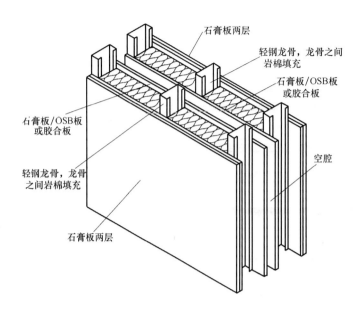

图 2-9　模块建筑中标准隔墙做法

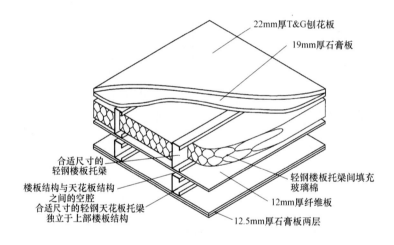

图 2-10　模块建筑中的典型楼板做法

（2）在结构连接部位使用橡胶垫片，减少结构连接部位的声音传递。标准节点如图 2-11 所示，需注意这一节点应基于所用系统专门设计。

（3）由包括回弹层在内的几层部件构成的"装配"楼板，可能包含一层 OSB、胶合板或木屑压合板，一层 30mm 厚浮置楼板级矿物岩棉（容重介于 $60\sim100\mathrm{kg/m^3}$ 之间）、一层 18mm 厚硬纸板饰面。

（4）楼板表面铺设一层吸声垫。

### 2.5.4　侧向传声

当空气传声沿着相邻建筑结构构件传递时，出现侧向传声的情况。由于侧向传声取决

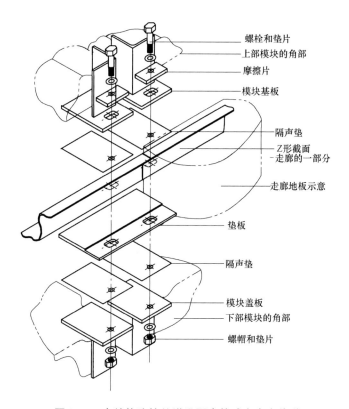

螺栓和垫片
上部模块的角部
摩擦片
模块基板
隔声垫
Z形截面
走廊的一部分
走廊地板示意
垫板
隔声垫
模块盖板
下部模块的角部
螺帽和垫片

图 2-11  在结构连接处增设隔声垫减少声音传递

于特定数据和现场施工质量，所以很难预测。通常，侧向传声可将同类工况在实验室测得的数据增加 3～7dB。

模块单元结构构件间的相互分离，显著降低了侧向传声的影响。虽然如此，接缝或穿孔处的有效密封仍然非常重要，包括墙与墙的连接、墙与楼板连接的密封，很小的缝隙都会对隔声性能产生显著影响。

## 2.5.5  衬板开洞

在保证建筑防火与隔声整体性不削弱的前提下，允许在墙衬板上穿孔，以便敷设机电管线。由于相邻空间的空气传播路径严重影响隔声性能，所以应特别注意机电管线开洞处或其他穿孔部位的隔声保护。需注意以下几方面：

（1）认真考虑电源插座和开关的位置，避免出现背对背安装，尤其是在隔墙上时，需特别注意；

（2）每层衬板的接缝应错开，避免形成通缝；

（3）合理设置使用隔声棉或空腔屏障来密封空气间隙，最大程度降低侧向传声和楼板与楼板间传声；

（4）对窗间距无限制；

（5）隔墙上不可避免需要设置插座，应在接线盒里背衬矿物岩棉，再安装两层石膏板；电线通常安装在工厂预制的电管内，有利于现场调试，可提前采取适当的预防措施以保证隔声性能。

## 2.6 围护结构热工性能

### 2.6.1 概述

轻钢结构可以在保证经济性和墙体不会过厚的前提下，提供高水准的保温性能和气密性。建筑物的保温材料水平在缓慢地改进，同时对于减少通过空气渗透造成的热损失的关注也在增加。因此，一些传统的建筑构造可能变得不再适用。模块化建筑允许对建造过程进行更高程度的控制，从而达到更高标准的保温性能，而不会受到现场施工的影响。

当在模块单元中采用轻钢框架结构时，重要的是要确保框架构件不会穿过外墙保温层而形成"冷桥"。所谓"保温框架"的原理，是用来防止钢构件从内至外穿透保温材料，同时尽量降低冷桥效应的影响。因此，有显著比例的外围护结构的保温层是放置在钢框架构件的外侧的，这意味着轻钢结构单元实质上是位于保温围护以内的，因此产生冷桥和冷凝的风险都被降低了。

作为框架外侧保温材料的补充，部分制造商在轻钢构件之间布置了厚达 100mm 的保温材料，这种构造做法可以提供非常低的 $U$ 值。在这种情况下，必须注意确保模块之间保温的连续性。

空气渗透可以通过对细节的关注和确保接头很好的密封来解决。隔汽层如果密封良好，可以作为非常有效的空气屏障，防止空气流动。应注意阻止外部冷空气进入到模块之间的空腔中，以防其最终渗入到模块内。由于各个模块都是在工厂建成，因此可以投入更多的关注，以保证构件间良好的密封来降低空气渗透，也可以比在工地更好地确保保温材料被正确地安装。

通过以下相关规定处理建筑节能减排问题：

① 限制建筑结构造成的热损失；

② 合理控制散热器和热水系统的使用；

③ 限制锅炉和给水管造成的热损失；

④ 限制用于采暖的水管和气管造成的热损失。

建筑结构保温要求的规定既可以通过设计文件中设置的最大 $U$ 值要求来满足，也可以通过达到标准评估程序（SAP）能率来满足。

（1）微元法。

节能规范规定了建筑结构构件的最大 $U$ 值要求。表 2-5 中给出了多重模块建筑形式均可实现的外墙标准 $U$ 值。

（2）目标法。

目标法更为灵活适用。该方法中设置了一种计算方法，可算出整个寓所的目标极限 $U$ 值，这一方法使得构件间交换的灵活性更高。结果目标得出了整个建筑的热能损失，与根据微元法计算所得值很接近。

（3）建筑 SAP 率。

标准评估程序（SAP）是一种用于新建筑能率的方法，能率范围介于 $1 \sim 100$ 之间，该值可通过计算机编程计算，也可手算，结果越大越好。轻钢龙骨建筑的 SAP 能率可轻易介于 $80 \sim 100$ 之间。

| 墙体类型 | 保温材料 | U 值[W/(m² · K)] |
|---|---|---|
| 自带保温岩棉的轻钢龙骨墙和砌砖墙组合墙体 | 45mm 厚聚氨酯 | 0.41 |
| | 90mm 厚聚氨酯 | 0.25 |
| 保温岩棉安装在轻钢龙骨与砖墙之间的墙体 | 龙骨墙间填充 100mm 厚矿物岩棉，外加 25mm 厚保温衬板 | 0.31 |
| 自带保温岩棉的轻钢龙骨墙且表面封板 | 龙骨墙间填充 100mm 厚矿物岩棉，龙骨外表面安装 50mm 厚矿物岩棉 | 0.26 |

模块建筑的外墙 *U* 值　　　　　　　　　　　表 2-5

SAP 计算需考虑保温性能、光滑度以及加热系统发热效率和燃料利用率。使用燃气加热系统的标准轻钢龙骨系统保温性能很容易满足要求，但是不容易超越 SAP 要求。

## 2.6.2 保温部位

在 *U* 值计算中，应考虑围护结构中的冷桥效应。在结构建造过程中，最大限度降低冷桥产生的可能性至关重要，因为冷桥会显著增加建筑的热能损失、引起表面局部冷凝，甚至污染内表面。

轻钢龙骨模块单元通常采用"暖结构"形式，即大部分保温或所有保温设置在结构外部（图 2-12*a*），以此方式降低热桥作用。可以在轻钢龙骨墙内安装附加保温层，但是用量尽量不应超过外部保温棉，除非能够有效控制室内湿度。或者在冷凝情况发生概率较低的位置，可在龙骨墙内安装带铝箔的保温棉（图 2-12*b*）。有些模块制造商将钢边滑槽作为垫片固定在轻钢龙骨墙内侧，石膏板固定在钢边滑槽上，该钢边滑槽也用于断热桥（图 2-12*c*）。有些模块制造商不愿意出厂前将保温材料固定于龙骨结构外表面，除非在外围护结构也在工厂装配完毕。否则，保温材料可能会在运输过程中发生严重破损，最理想情况是在工厂将模块单元整体装配完成。

洞口周围的细节构造应尽可能降低冷桥发生的可能性。传统建筑物中，冷桥通常出现在门窗洞口周边、墙与楼板或屋面连接处等，这些冷桥会显著增加热损失。"暖结构"方法使模块单元中的保温材料安装至门窗洞口边缘，避免了冷墙面的产生。

## 2.6.3 密封性

建筑的名义最大空气循环率应达到 10m³/(m² · h)。但是，居住型建筑不要求进行漏气试验。空间保温性能受从围护结构间隙和裂缝渗透的冷空气影响严重，施工装配过程中的空气运动也增加了冷凝的风险。

通过设计阶段对关键节点的细致分析，可以避免许多可能出现的空气渗透点。穿过建筑结构的气流可通过设置有效屏障的方式避免或消减，这个屏障可以是隔汽层，亦可是石膏板等其他围护材料。空气屏障的接缝处必须有效密封，并尽量避免出现穿孔。

模块建筑的最大优势是工厂拼装，可有效保证加工质量。因此，现场施工时可以特别注意空气屏障安装的正确性和裂缝或穿孔处的密封性，严格的质量控制和验收程序也有助于工程质量的保证。

在模块单元的运输和安装过程中，制造商会在单元表面包裹聚乙烯保护板以防止划

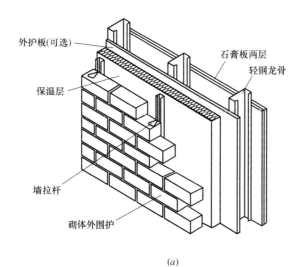

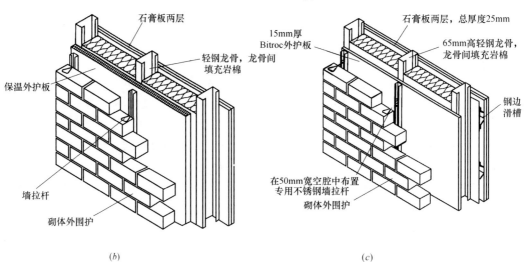

**图 2-12 砌体围护的保温构造**

(*a*) 保温框架结构；(*b*) 外护板和龙骨间填充材料保温；(*c*) 龙骨间填充保温材料并采用钢边滑槽断热桥

伤。现场定位并安装固定完成后，拆除保护板，尤其是建筑正立面，需特别注意保护，以防止影响美观。安装护板还可以有效防止外围护结构的湿气渗透。

## 2.6.4 冷凝控制

保温隔热要求中的隐含要求是：应避免在建筑构件内外两侧出现冷凝情况。尤其是墙体内部的冷凝问题，会对整个建筑结构和肌理造成严重影响。

"保温结构"建筑能确保轻钢龙骨墙内表面温度不低于露点，能够避免墙面由于局部冷凝导致的色差。或者也可以通过在龙骨墙内侧安装保温棉，墙表面安装保温衬板的方式达到想要的效果。为了避免墙面冷凝导致色差，墙内表面温度应不低于 15.5℃。

在模块建筑中，轻钢龙骨构件间的缝隙结露可通过将结构框架置于封闭空腔的方法避免，或者安装有效隔汽层，以防止水蒸气到达墙体较冷一侧。龙骨墙中安装保温岩棉的部位，轻钢龙骨的导热系数增大，由此出现腹板和外翼缘温度高于保温棉温度的情况，可以大大减小龙骨冷凝出现的可能性。

另外，在工厂内的可控环境中加工，可以保证构造中隔汽层的安装质量，从而有效降低缝隙结露的风险。

## 2.7  耐久性

单独的镀锌保护层可有效提高不长期直接暴露在潮湿室内环境中的轻钢龙骨结构的耐久性。其喷涂标准呈双面镀锌量为 $275g/m^2$。

跟传统建筑一样，应重点关注施工节点设计。控制空气进入和冷凝产生的方法，包括：保温棉的正确安装，防水层和防水卷材的使用，隔汽层和泛水的使用等，这些方法均有助于提高建筑耐久性能。

轻钢龙骨结构与基础的接触部位为特殊部位，极易受潮，可通过在龙骨墙最下方铺设防水层或防水卷材的方式，实现二者间的隔离。当使用空心砖墙时，务必形成完整空腔，以此避免水汽形成桥接穿过空腔。

在使用镀锌钢构件的情况下，对于焊接点等防腐保护受损部位，应复涂富锌漆进行二次加强保护。为了保证二次保护的效果，涂富锌漆前应对焊接部位进行打磨处理，然后按照富锌漆标准使用方法完成底涂、中间涂漆和面漆补涂。可使用锌含量不低于96％的富锌漆，或其他类似有效保护措施。

下列情况中，为避免钢构件边缘腐蚀，可能会刻意破坏某些部位锌层，这种情况下锌层破坏部位无需二次保护：

（1）工厂切割完成的构件端部。

（2）工厂预制的螺栓孔。

（3）自攻螺钉穿孔部位。

半裸露或完全外露的构件应做好特殊考虑，例如：

（1）与地面直接相连的竖向支撑构件。

（2）悬浮地板。

（3）阳台等外露组件。

尽管已经通过铺设防水卷材的方式实现结构部分与基础的隔离，但是对于与基础直接相连的钢结构构件，构件底部还应涂抹沥青进行保护。

如果轻钢龙骨托架用于悬浮地板，建议通过隔离托梁下部楼板或基层的方式得到"保温结构"，然后地面用混凝土面层或抗渗层加以保护。

## 2.8  水暖电设备

### 2.8.1  概述

服务设施，尤其是浴室的安装在传统建设过程中是费工费时的部分。因此，将这部分工作从工地移除对于质量和速度都有显著的益处。在模块化建筑中，关键管道和电气设备都是在工厂安装的。

一般而言，一个垂直的服务导管会被引入每一个模块单元，提供垂直方向的排水和上水管道，同时所有的服务连接都在此导管内进行。在酒店中，模块之间服务的纵向分布类似于服务导管，被布置在走廊的天花板或者楼板中。与这些服务导管的连接通常在模块外进行。在楼板托梁和墙体龙骨上开有固定间距的洞口，方便布置电缆和小口径管道。在洞口周围可以布置橡胶垫圈以防止电缆被损坏，较大的管道通常布置在托梁之间或托梁下方。屋面排水是按传统做法从建筑物外面处理的。显然，在建筑物内部或者下方的服务线

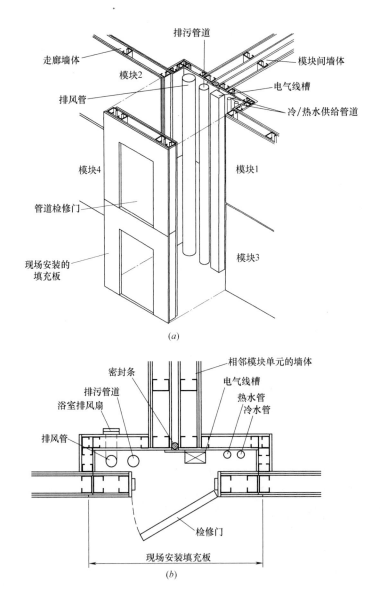

(a)

(b)

**图 2-13  酒店模块建筑典型设备风管**

(a) 轴测图；(b) 平面图

路需要仔细的规划。

模块建筑大部分机电、给水排水和供暖设施都可以在工厂中安装,在现场只需要进行最终连接。内部排水可以在模块单元运到现场之前完成安装。传统建筑的施工中,类似的现场活动都是劳动密集型时间消耗较大的关键施工路线,任何施工问题都会产生延误。所以对于施工质量和进度来说,将这些施工活动从现场移除具有重要意义和优点。

酒店建筑中,垂直设备槽通常设置在每个单元的转角处,以协调垂直的上下水管和电器管线(图 2-13)。每个模块的设备管线在工厂单独安装,单元里的设备测试也是在工厂里完成的。要进入设备槽里只能通过模块单元外部的通道区域,这使得在现场设备槽中管线的连接不需要进模块单元即可完成。因此,可以避免现场接续工序对内部已完成的建筑做法造成破坏。

模块之间服务管线的水平分布可以有不同的方式,取决于建筑类型。对于酒店建筑,走廊通道天花板和地板的空腔区域可用作服务管线的布置区域,也可以选择分布在屋顶空间并与每个垂直设备槽分别连接。而对于公寓住宅,公共走廊天花板的空腔区域可用作服务设备布管,并连接至每个公寓房间的模块单元。服务管线的排布和安装设计应针对不同建筑类型并且尽可能将施工安排在工厂中进行。

房屋和公寓建筑中,模块的供水、供热以及机电系统的安装和测试都是在工厂中完成,然后在保温柜或者仓库中再连接成一个整体。对于单独模块而言,在现场仅需完成模块间的连接即已完成全部的安装工作。垂直排水组也是在工厂安装完成,并会预留一块活动楼板作为检修口。

盖板是在现场安装的地面排水最后的连接件,需要现场对接口进行精确的测量放线,模块生产商也需按照一定程序确保现场安装的精确性。

模块建筑主要服务管线的布置和连接策略,包括:

(1)利用公共区域空间布置管线;

(2)利用模块内地板或天花板区域布置管线;

(3)工厂内安装每个模块内部管线,现场完成模块之间的连接;

(4)模块内的排水管连接到模块角部的垂直立管上;

(5)湿区与服务管线集中区域背靠背布置。

由于水会沿着建筑物在模块之间部位往下流,因此模块建筑里很难确定水管的漏水点的位置,不易被发现。解决这个问题的一种方法是将设备管线装进"水槽"里(例如,聚乙烯卷材,外翻 100mm),并接入走廊的排水管,这样可有效发现漏水点。

如果可能的话,服务管线设计应与主框架构件设计同时进行。当管线的布置路径穿过轻钢结构时,标准做法是在钢构件上一定间距处打孔,如图 2-14 所示。

这些开孔可让小直径的管道和机电电缆穿过结构,开孔处用橡胶或者聚乙烯孔圈保护电缆,以防受到结构或其他管道金属件的破坏。而且电器设备可以通过导管布置,以便于未来可能的升级和调整。较大管径的管道通常布置在托梁之间或者托梁之下的区域。任何情况下在截面边缘处开凹槽或切除截面边缘的做法都是不允许的。

龙骨或小梁腹板上开孔,非加劲直角孔或槽的最大宽度不能超过构件截面高度的40%,长度应小于孔宽度的 3 倍,圆孔直径应小于构件截面高度的 50%。相邻非加劲的孔边缘到边缘的最小间距不得小于构件截面高度,并且与构件端部距离至少是截面高度的

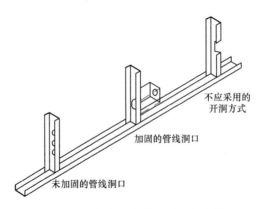

图 2-14　钢梁和龙骨开孔机电走线

1.5 倍。如果上述条件满足,开孔对结构构件性能的影响可忽略不计。托梁和龙骨上较大开孔可能需要额外增加钢板进行加固。

当管线穿过分隔地面时,可能需要采取预防措施避免防火分区间的防火性能受到影响。穿过防火分区间的分隔地面的服务导管周围需要进行防火封堵。模块厂家需要指出相应的防火封堵节点。

### 2.8.2　机电安装

机电设计时应该考虑到机电电缆包裹保温材料过热风险增加,应相应降低功率。

机电设备盒在隔墙上的定位应避免两个设备盒背对背安装,因为此处的隔声效果会降低。所有隔墙上的设备盒背部都应有两层石膏板和矿物棉覆盖保护。图 2-15 为典型龙骨墙机电配件定位。

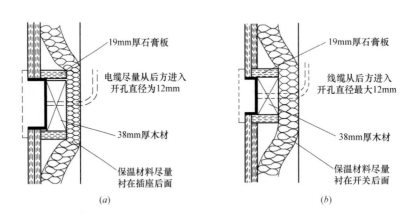

图 2-15　典型机电配件节点
(a) 电器插座;(b) 照明开关

### 2.8.3　燃气安装

通常家用燃气安装遵循传统模式,但是大部分工作都可在现场以外完成,包括安装和初期电气测试。壁挂式锅炉以及平衡烟道可以固定在结构上,但是应注意烟道位置不能和其他结构件冲突。如果采用了砌体外叶墙,烟道的排气孔要能适应相对位移。

### 2.8.4　墙上装饰

如果特定区域的墙有较重的装饰,例如厨房用具、附加轻钢板或者壁砖,应在模块设计中加以体现。可以采用自钻、自攻螺钉来直接将装饰物固定在轻钢龙骨和钢托梁上。较轻的装饰物的固定可以采用石膏板墙面专用固定件,有很多成品可以选择直接使用。在某些情况下,模块厂家采用石膏纤维板当作墙衬板,可增加墙内衬对直接悬挂的装饰物的承载力,从而使其布置更加灵活。

### 2.8.5　排水和其他外部设施

地面中设施分布大体上遵循常规模式。排水设施埋入地板下,并连接至垂直排水主管的底部,然后与已安装的底层模块的内部排水系统相连。电力、水、燃气供应都尽可能连至同一个总表和中央分配点上,模块之间的内部分配管线再从这个中央分配点引出。屋顶的排水系统通常布置在建筑物外部,但是也可以布置在建筑内部,取决于维护要求。

### 2.8.6　楼梯和电梯

很多种模块系统都可以安装楼梯和电梯。预制的楼梯和电梯模块极大地提高了模块建筑施工效率,并可以实现精准调平和定位。同时,楼梯段还可实现后浇筑,而在有些系统中,可将楼梯作为预浇单元进行安装。

# 3 结构设计

## 3.1 结构设计一般规定

（1）模块化组合房屋的安全等级和设计使用年限应符合现行国家标准《建筑结构可靠度设计统一标准》（GB 50068）和《工程结构可靠性设计统一标准》（GB 50153）的规定。结构设计使用年限为 50 年或 25 年时，其相应的结构重要性系数分别不应小于 1.0 或 0.95。

（2）模块化组合房屋应按承载力极限状态（USL）和正常使用极限状态（SLS）进行设计。结构的计算与构造应符合现行国家标准《钢结构设计规范》（GB 50017）、《冷弯薄壁型钢结构技术规范》（GB 50018）、《建筑抗震设计规范》（GB 50011）和《高层民用建筑钢结构技术规程》（JGJ 99）的规定。

（3）模块中薄壁钢材的性能要求和强度设计值应符合现行国家标准《冷弯薄壁型钢结构技术规范》（GB 50018）的规定；非模块构件钢材的性能要求和强度设计值及普通螺栓、高强度螺栓、栓钉与焊条等连接材料的性能要求和强度设计值，均应符合现行国家标准《钢结构设计规范》（GB 50017）的规定。

（4）模块化组合房屋结构设计应符合模块单元生产线制作和现场吊装的要求；模块化组合房屋中采用砌体围护结构时，应采取特殊措施以确保砌体围护结构不发生连续倒塌。

## 3.2 结构材料及其设计指标

模块化组合房屋受力构件的钢材应根据结构及其构件的重要性、荷载特征、应力状态、连接构造、环境温度、钢材厚度以及构件所在的部位，选择其牌号和材质。

### 3.2.1 钢材

钢材的选用应符合以下规定：

（1）宜采用 Q235B、Q235C、Q235GJC、Q345B、Q345C 级钢材作为模块单元钢骨架和支撑结构的钢材。模块间的连接关键构件、8 度设防的钢模块梁柱和支撑等重要构件宜采用 Q235C、Q345C 级钢。其质量标准应分别符合现行国家标准《碳素结构钢》（GB/T 700）、《低合金高强度结构钢》（GB/T 1591）的规定。所用的结构钢管应符合现行国家标准《结构用冷弯空心型钢》（GB 6728）的规定。

（2）对 Q235 钢宜选用镇静钢，焊接结构不应采用 Q235A 级钢。焊接结构的钢材应具有碳含量的合格保证。若焊接结构的主要构件采用 Q345、Q390 等低碳合金钢，应保证满足碳当量（CEV）或焊接裂纹敏感指数（Pcm）的要求。

（3）钢材的抗拉强度、伸长率、屈服强度和碳、硫、磷的含量应符合相对应的钢材等级的要求，并应通过冷弯试验保证其合格。

（4）结构采用的钢材设计强度、厚度、物理性能取值应根据现行国家标准《钢结构设计规范》（GB 50017）和《冷弯薄壁型钢结构技术规范》（GB 50018）选取。

### 3.2.2 焊接材料

焊接材料应符合下列规定：

（1）焊接材料应根据焊接构造与焊接质量要求，分别选用手工焊条或自动焊焊丝与焊剂，其牌号与性能应与构件主体金属性能相匹配。但两种强度级别的钢材焊接时，宜选用与强度较低钢材匹配的焊接材料。焊缝质量与工艺性能要求应符合现行国家标准《钢结构焊接规范》（GB 50661）的要求。

（2）手工焊接采用的焊条，应符合现行国家标准《非合金钢及细晶粒钢焊条》（GB/T 5117）或《热强钢焊条》（GB/T 5118）的规定。

（3）埋弧自动焊或 $CO_2$ 气体保护焊所用的焊丝与焊剂应配套选用，其牌号与性能应分别符合《埋弧焊用碳钢焊丝和焊剂》（GB/T 5293）及《气体保护电弧焊用碳钢、低合金钢焊丝》（GB/T 8110）的规定。

（4）焊接材料的匹配与焊缝强度设计值应按现行国家标准《钢结构设计规范》（GB 50017）和《冷弯薄壁型钢结构技术规范》（GB 50018）选取和《钢结构设计规范》（GB 50017）的规定设计。

### 3.2.3 紧固件

紧固件连接的材料应符合下列规定：

（1）普通螺栓宜采用 4.6 级或 4.8 级 C 级螺栓，其性能与尺寸规格应符合现行国家标准《紧固件机械性能 螺栓、螺钉和螺栓》（GB/T 3098.1）、《六角头螺栓 C 级》（GB/T 5780）及《六角头螺栓》（GB/T 5782）的规定。

（2）高强度螺栓可选用大六角高强螺栓或扭剪型高强螺栓，其级别、性能和规格应符合现行国家标准《钢结构用高强大六角头螺栓》（GB/T 1228）、《钢结构用高强度大六角螺母》（GB/T 1229）、《钢结构用高强垫圈》（GB/T 1230）、《钢结构用高强度大六角螺栓、大六角螺母、垫圈技术条件》（GB/T 1231）、 《钢结构用扭剪型高强度螺栓连接副》（GB/T 3632）的规定。

（3）组合结构构件所用的圆柱头焊钉（栓钉）连接件的材料应符合现行国家标准《电弧螺栓焊用圆柱头焊钉》（GB/T 10433）的规定，其屈服强度不小于 $320N/mm^2$，抗拉强度不小于 $400N/mm^2$。

（4）锚栓的材质采用 Q235、Q345、Q390、Q420 等牌号钢材时，其质量和性能要求应符合现行国际标准《碳素结构钢》（GB/T 700）与《低合金高强度结构钢》（GB/T 1591）的规定。

（5）紧固件设计指标应按照现行国家标准《钢结构设计规范》（GB 50017）和《冷弯薄壁型钢结构技术规范》（GB 50018）选取。

### 3.2.4 其他材料

其他材料的选用应符合以下规定：

（1）用于抗侧力的混凝土核心筒构件，其混凝土强度等级不宜小于C40。

（2）用于压型钢板组合楼板的混凝土，其混凝土强度等级不宜小于C25。

（3）普通钢筋的强度等级，纵向受力钢筋宜选用符合抗震性能指标的不低于HRB400级的热轧钢筋，也可采用符合抗震性能指标的HRB335级热轧钢筋；箍筋宜选用符合抗震性能指标的不低于HRB335级的热轧钢筋，也可选用HPB300级热轧钢筋。

（4）混凝土、钢筋的强度、弹性模量等指标应符合现行国家标准《混凝土结构设计规范》（GB 50010）的规定。

### 3.2.5 冷弯型钢镀层

轻钢框架由镀锌钢带生产而成的C形、Z形或相似截面的冷弯钢截面构件组成。钢材厚度为1.2～3.2mm，截面高度范围为150～300mm，基本的镀锌层的厚度为钢板双面镀锌层总量不小于$275g/m^2$（通常总厚度为0.04mm）。该镀锌层给所有室内和部分室外项目的钢材提供足够的防腐保护。

## 3.3 结构体系与结构布置

### 3.3.1 结构体系

模块化组合房屋应选用合理的结构体系，保证在使用、运输和安装过程中的强度与刚度，结构连接和节点构造应便于安装。轻型模块化钢结构组合房屋可采用叠箱体系、叠箱-框架（底层框架、核心筒、剪力墙等）混合结构体系，以及嵌入式模块化结构体系（图3-1）。

### 3.3.2 结构布置

模块化组合房屋宜规则布置，其抗侧力构件的平面布置宜规则对称，侧向刚度沿竖向宜均匀变化。结构各层的抗侧力刚度中心与水平作用合力中心接近或重合，以减少侧向力对结构产生的附加扭矩。

**1. 结构竖向布置应遵循的原则**

（1）模块化组合房屋宜采用规则的竖向立面布置形式。

（2）模块化组合房屋的竖向布置应使其质量均匀分布，刚度逐渐变化，应避免刚度突变。除外安装时阳台模块外，模块化组合房屋应避免外挑构造。若必须进行模块外挑时，宜在长边方向上外挑，且外挑距离不应大于模块长边总长的1/4。外挑构造的所有出挑的模块应在出挑基础首层边柱位置设置中柱以及必要的支撑，以连接相邻模块，并形成整体结构体系；未出挑模块的一端的角柱应与下部模块的角柱对应，形成连续的竖向的角柱支撑系统。

（3）上下楼层的质量比不宜大于1.5。

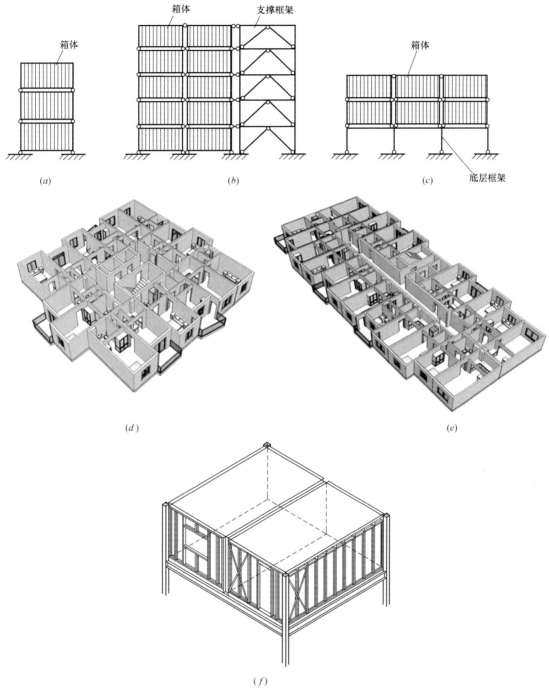

**图 3-1 模块化组合房屋结构体系**

(*a*) 叠箱结构体系；(*b*) 叠箱-框架混合结构体系；(*c*) 叠箱-底层框架混合结构体系；
(*d*) 模块和核心筒混合结构体系；(*e*) 模块和剪力墙混合结构体系；(*f*) 嵌入式模块化结构体系

（4）中高层模块化组合房屋应避免错层布置。

**2. 剪力墙或核心筒结构布置要求**

（1）剪力墙应在钢结构模块化组合房屋上沿外墙、隔墙、分户墙均匀布置，并应尽量与建筑平面的主轴线对称。

（2）剪力墙宜在楼梯间、电梯间、管道井及平面形状突变，或荷载较大的位置布置。

（3）纵横方向上的剪力墙应考虑组合作用，形成平面上力学性能良好的形状，如 L 形、T 形、I 形、C 形、口字形。考虑组合作用的剪力墙间的连接应根据设计值进行设计。

（4）剪力墙的长度不宜过大，各个墙段的长度与高度之比不宜大于 0.33，且长度不宜大于 8.0m。

（5）剪力墙应贯穿建筑物的全高，刚度可以逐渐减弱，但应避免刚度突变，开洞时宜上下对齐。

（6）核心筒的高宽比不宜大于 12。

## 3.4　荷载与计算

模块化组合房屋的荷载计算应符合现行国家标准《建筑结构荷载规范》（GB 50009）的规定。当设计使用年限为 25 年时，其风荷载和雪荷载标准值可按 50 年重现期的取值乘以 0.9 计算。

### 3.4.1　荷载

荷载取值应符合以下要求：

（1）设计模块化组合房屋时，荷载的标准值、荷载分项系数、荷载组合值系数、动力荷载的动力系数等，应按现行国家标准《建筑结构荷载规范》（GB 50009）的规定采用；地震作用应根据现行国家标准《建筑抗震设计规范》（GB 50011）或《构筑物抗震规范》（GB 50191）确定。

（2）在结构设计过程中，当考虑温度变化影响时，温度变化范围可根据地点、环境、结构类型及使用功能等实际情况确定。

（3）对于直接承受动力荷载的结构：在计算强度和稳定性时，动力荷载设计值应乘以动力系数；在计算疲劳和变形时，动力荷载标准值不乘动力系数。

（4）模块单元制作、吊装、连接时，作用在模块单元天花板上的施工荷载应按实际考虑，不宜小于 $1.05kN/m^2$。楼面二次装修荷载应按实际考虑，不宜小于 $0.8kN/m^2$。

### 3.4.2　荷载组合

按承载力极限状态设计钢结构时，应考虑荷载效应的基本组合，必要时尚应考虑荷载效应的偶然组合。按正常使用极限状态设计钢结构时，应考虑荷载效应的标准组合。计算模块化组合房屋的结构和构件的强度、稳定性以及连接强度时，应采用荷载设计值，并应采用承载力极限状态进行设计。计算疲劳时，应采用荷载标准值。

## 3.5　结构计算分析原则

模块化组合房屋结构计算所用的力学模型应正确反映结构连接、结构构件的特性和性能参数，包括强度、刚度、稳定性、延性、耗能性能、周期荷载作用下性能变化等。

采用压型钢板组合楼板的模块化组合房屋，且组合楼板与模块单元钢骨架间有可靠连接的，楼板可按刚性平面进行计算，但在模块边缘交接处楼板不连续；采用轻质楼板的模块化组合房屋，其楼板计算结构为地板主梁和次梁，以及下层模块的天花板主梁和次梁组成的空间钢架结构。

模块化组合房屋布置不规则或局部刚度有较大削弱时，宜按空间模型进行结构计算，此时屋盖或楼盖的连接构造应符合平面刚性铺板的要求。

多层模块化结构层间最大水平位移与层高之比，在风荷载作用下不宜超过 1/400；在多遇地震作用下不应超过 1/250。

## 3.6 连接设计与节点构造

### 3.6.1 模块化组合房屋的连接

模块化组合房屋的连接可分为三种：模块单元内部构件间连接、相邻的模块单元间结构连接和模块单元与外部支承结构连接。

模块单元间的连接可分为竖直方向上相邻模块间的连接和水平方向上相邻模块间的连接。模块单元间的连接是钢结构模块化组合房屋的关键部分，应做到强度高、可靠性好、便于施工安装和检测。

模块化组合房屋的连接节点应合理构造，传力可靠并方便施工；同时，节点构造应具有必要的延性，避免产生应力集中和过大的焊接约束应力，并应按节点连接强于构件的原则设计。节点与连接的计算和构造应符合现行国家标准《钢结构设计规范》(GB 50017)、《冷弯薄壁型钢结构设计规范》(GB 50018) 及《建筑抗震设计规范》(GB 50011) 的规定。

模块之间的连接宜采用角件相互连接的构造，其节点连接应保证有可靠的抗剪、抗压与抗拔承载力；框架与模块间的水平连接宜用连按件与模块角件连接的构造，其节点连接应为仅考虑水平力传递的构造。

### 3.6.2 模块单元的连接

模块单元的连接按不同连接做法可分为盖板螺栓连接、平板插销连接、模块预应力连接三类节点构造。

对于模块化轻型钢结构体系建筑而言，其建造过程可以分为两个阶段：工厂预制阶段和现场拼装阶段。在不同阶段下，节点设计的侧重点是不一样的。在保证安全的前提下，工厂预制阶段完成的模块单元内节点应主要考虑方便批量生产并降低成本；而现场拼装阶段组装完成的模块单元间节点则需要考虑方便现场安装并可以消除安装误差。

因此，对于模块单元内梁柱间节点根据采用的截面不同，可以采取以下不同的连接形式：

（1）采用实腹式薄柔截面的模块单元，其受力梁柱构件之间一般通过焊接的形式进行连接，主梁和柱之间的节点类型为刚接，次梁和主梁之间的连接可以采用铰接的形式。

（2）采用冷弯薄壁截面的模块单元，其结构构件之间采用自攻螺钉、射钉或电阻点焊的形式进行连接。

采用螺钉连接时，螺钉至少应有 3 圈螺纹穿过连接构件，螺钉的中心距和端距不得小于螺钉的直径的 3 倍，边距不得小于螺钉直径的 2 倍。主要受力连接中的螺钉连接数量不得少于两个。用于钢板之间的连接时，钉头宜靠近较薄的构件一侧。

对于箱体角部节点、竖向构件连接节点等受力较大的位置，可以采用热轧钢材对节点进行加固，或者制作专门的连接件来完成连接，保证必要的强度和刚度。

对于模块单元之间的节点，宜采用螺栓连接的形式，以方便现场施工。特殊情况下，也可以采用焊接的形式完成模块之间的连接。连接节点应采用摩擦型高强度螺栓，并通过连接节点的构造措施保证节点具有一定的位置调整余量，以消除多高层建筑中模块堆叠导致的安装误差累积。

常用的模块间的螺栓连接节点形式如图 3-2 所示。

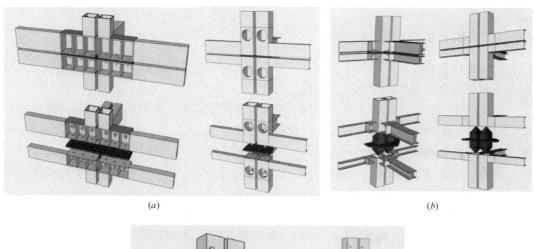

(a)　　　　　　　　　　　　　　　　　　　(b)

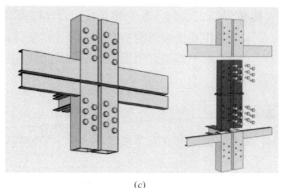

(c)

**图 3-2　常用的模块螺栓连接节点形式**
(a) 螺栓连接；(b) 带抗剪键的螺栓连接；(c) 螺栓套筒连接

## 3.7　抗震设计与构造

模块化组合房屋应按现行国家标准《建筑抗震设计规范》（GB 50011）的规定确定地震烈度与地震分组。结构整体分析应进行无地震作用组合和有地震作用组合两种计算。其组合系数、分项系数、调整系数等应符合《建筑抗震设计规范》（GB 50011）等现行规范的相关规定要求。

模块化组合房屋构件截面的抗震验算，应采用下列设计表达式：

$$S_E \leqslant R/\gamma_{RE}$$

式中 $S_E$——考虑多遇地震作用时，荷载和地震作用效应组合的设计值；

$R$——结构构件承载力设计值；

$\gamma_{RE}$——承载力抗震调整系数，钢结构构件强度计算时取 0.75，钢结构构件稳定性计算时取 0.80，混凝土核心筒剪力墙、斜截面承载力计算时取 0.85。

模块化组合房屋在进行抗震计算时，可按底部剪力法计算层间剪力，并以此剪力验算模块结构的连接和层间位移。在进行多遇地震作用下的抗震计算时，阻尼比可取 0.04。

在罕遇地震作用下，模块化组合房屋钢结构弹塑性侧向位移应满足结构层间位移角要求：对于 12m 以下的纯钢骨架模块化组合房屋（无支撑），不应大于 1/40；纯钢骨架模块化组合房屋，有钢制支撑、钢桁架剪力墙、钢桁架核心筒、钢板剪力墙，不应大于 1/50；对于混凝土核心筒的模块化组合房屋，不应大于 1/100。

## 3.8　整体稳定和刚度分析

对于模块建筑整体稳定性和完整性的要求，通常用专业术语"鲁棒性"来描述。其定义为在建筑中的一个部件或局部损坏后，剩余的结构应该有足够的承载力来承受荷载作用，而不发生不成比例的破坏。

模块化单元与常规建筑不同的是，尽管模块本身很牢固，但被放在一起时，荷载传导路径是通过下部模块的墙或者刚性角件往下传递。如果考虑到这条荷载传导路径被取消的可能性，墙体应该按以下方法设计（图 3-3）：

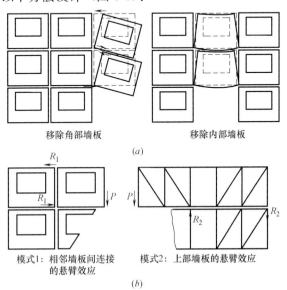

移除角部墙板　　　　　　　移除内部墙板

(a)

模式1：相邻墙板间连接
的悬臂效应　　　　　模式2：上部墙板的悬臂效应

(b)

**图 3-3　满足模块建筑"鲁棒性"的策略**

(a) 移除墙板；(b) 模块的悬臂效应

（1）以深梁或膜片的形式水平跨越损坏区域；

（2）当由相邻模块支撑时，以墙体受拉的形式跨越损坏区域。

后面这种方案意味着单元间除了竖向连接以外，水平向也要进行连接，如图 3-3 所示。制造商可以提供这种水平连接的细部构造，以满足对"鲁棒性"安全度的要求。提供这种连接方式的典型支撑节点如图 3-4 所示。模块之间的缝隙宽度应满足偏差和校正的要求。

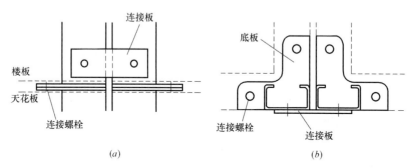

**图 3-4　典型的模块单元角部支撑节点**

（a）立面图；（b）角部平面图

## 3.9　地基基础

模块化建筑由于其本身固有的自重轻的特性，基础并不需要做得如传统建筑一样大。条形基础布置在承重墙下，一般采用树脂锚杆锚入到混凝土中来形成抗剪连接。基础和地基梁的调平对于随后基础或模块单元的安装和调整至关重要，每个制造商都有其独有的系统。通常，在基础顶部可以允许 20mm 左右的变化。砖砌体围护结构也需要合适的条形基础，可以与模块的条形基础保持一致。

在地基条件很差时，可以采用桩基础，而模块单元的下弦可以被设计成在桩帽之间跨越的形式。也可以采用模块单元的墙体设计成层高尺寸的支持板的形式来完成基础之间的跨越。

### 3.9.1　基础类型

基础类型种类繁多，包括条形基础、沟填基础、筏板基础、桩基础等，形式参如图 3-5 所示。其中预制混凝土桩类基础应用广泛，尽管此种基础类型会延长预制阶段时间，但其适用于大多数的地面情况，并且可以缩短现场地基施工时间。最常见的基础类型为条形基础和沟填基础。

轻质模块单元的基础通常会比相同体量的常规建筑的基础规格更小。但是，基础的设计会受制于挂板的选用和建筑高度。

条形基础、筏板基础、地梁基础，可以在模块单元的每个单元周界设计连续支撑或者在单元的四个角处设计支撑点，后者需要在支撑点之间设置墙或者脊骨梁。

图 3-6 所示为沟填基础最简单形式：砖砌外叶墙，密实的混凝土块和水泥刨花板可以确保单元基础线的精确性，同时基础为砖砌体围护提供支撑力。

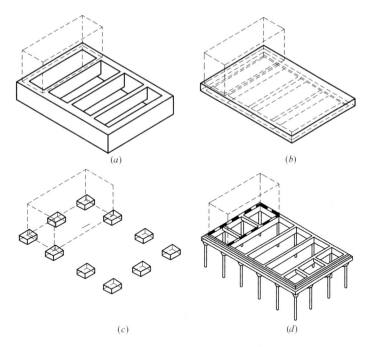

图 3-5　模块单元可选择的基础类型

(*a*) 条形基础；(*b*) 带十字梁的筏板基础；(*c*) 独立基础；(*d*) 带桩帽、边梁和连系梁的桩基础

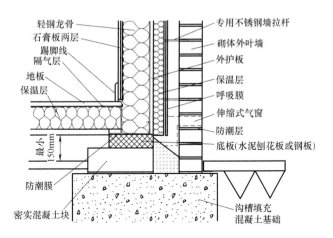

图 3-6　砖砌挂板的典型沟填基础节点

## 3.9.2　安装偏差

模块安装的最大允许偏差如下：

(1) 墙架长度：每 10m 正负 10mm。

(2) 墙架界限：距离板外表面正负 5mm。

(3) 模块底板水平：每完整模块正负 5mm。

在基础部位，用钢垫片或者找平螺栓或者其他方法调平基础和模块底板之间的偏差。垫片最大厚度为 20mm，直角平面的对角线应该相等。

### 3.9.3 模块单元水平

基础或地梁的水平对于之后的模块单元安装和对齐至关重要。模块生产厂家已经开发出专利的定位和安装技术以辅助模块单元在基础上固定，如图 3-7 所示。

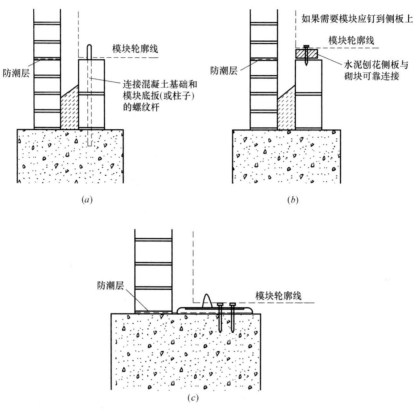

图 3-7 典型的模块安装定位做法

（a）垂直销钉；（b）水泥刨花板衬垫；（c）钢板（可以放置在环氧树脂上来提供公差）

通常来说，底板、钢条或者水泥刨花板都是安装在基础上，灌浆并尽可能保持水平，它们的作用是找平基础的顶部，不超过 20mm 的水平偏差都是可以通过其他措施调平的。通常，连接基础的底板剪力件选用树脂地脚螺栓。有些情况下，会采用打进底板的垂直销钉来定位模块（图 3-7a），该销钉可以用来抵抗风荷载造成的水平力。其他节点如图 3-7（b）和图 3-7（c）所示。

通常模块单元的自重足够压住模块，无需施加外力。对于需要固定的情况，可以用螺栓将底板与模块连接起来。

沟填基础和条形基础都可以为砖砌围护提供支撑，模块单元的轻钢框架可以直接支撑其他材质轻质挂板。

### 3.9.4 防潮

对于上层结构和基础之间界面的节点需要重点注意降低腐蚀风险，轻钢框架需要全部在砌体围护的防潮层之上。如果无法实现，防潮层之下的所有钢构件需要有等同于 Z460

镀锌层的防腐蚀保护层或者适当的沥青覆盖。

模块建筑通常采用悬空的首层楼板，建筑规程规定楼板下的空间应具备通风条件，地面植被顶部距离悬空平台结构底部至少 150mm，距离任何一个墙板底部至少 75mm（参见图 3-6）。在钢构件和所有受地面湿气影响的材料之间都必须添加一层防潮层，地面需覆盖一层适当材料阻挡湿气并防止植物生长，通常选用厚 100mm 的混凝土或者聚乙烯层加 50mm 厚混凝土。地板下空间通常需要排干水分并阻止湿气聚积。

为确保空气对流，建筑物底部悬空夹层中间需留有一条自由通道，两面相对的外墙上每一米开设 $1.5m^2$ 的通风孔。

## 3.9.5 氡气渗透

在特定区域，需要采取措施防止土壤中的氡气泄漏进入建筑物。而且有些区域，尤其是旧房清除后的棕色地带土壤中含有沼气聚积，应采取适当措施防止其渗入建筑物。同样，甲烷影响区域也应该采取类似措施。

预防措施一般会采用在建筑物底部安装密封层的形式，同时保持横跨外墙的空腔，各模块之间，以及在悬空楼板下面架空层的自然通风。总而言之，模块施工中可以采取以下两种方式：

（1）在模块单元下面所有混凝土层增加一个氡气隔离层。当采用砖砌外叶墙时，氡气隔层必须横跨整个空腔。采用其他外挂板时，氡气隔层需要和所有竖向卷材进行搭接。

（2）将氡气隔层合并入模块单元楼板中，也需要与墙壁竖向卷材搭接，以阻止氡气进入模块单元之间竖向缝隙。此外，模块单元下方楼板间夹层空间必须有足够好的通风条件，从而防止有害气体的集聚。可以根据现场氡气浓度采取合适措施，也可使用机械通风设备或者在建筑物顶部安装竖向抽吸管道。

以下事项需要特别注意：

（1）卷材接缝处节点需仔细设计，确保完全密封。

（2）尽量避免水电设备管道穿过卷材，如无法避免，需要进行完全密封封堵。

（3）设备管道穿卷材，并有可能成为氡气进入模块单元的路径时，需对其进行内部密封。

（4）模块单元之间的连接节点。

# 4 构 造 做 法

## 4.1 楼板

楼板结构构件的间距一般由地板和石膏板的跨越能力所决定。正是由于这个原因，布置结构构件的距离一般取为 400mm 或 600mm，地板和石膏板直接连接到结构构件上。然而，现在更倾向于使用更宽的构件间距（1200～1500mm），在构件之间布置次要构件或钢盖板，如图 4-1 所示。其经济性显然取决于制造和安装难度，以及每个工程的材料用量。

图 4-1　大间距龙骨体系

模块单元的楼板一般采用轻型 C 形钢作为托梁，或者在跨度较小时在边梁上铺盖板。当整个建筑完工时，这些边梁将完全由承重墙来支撑，但是在建设过程中，它们是组成完整的抗扭刚性框架的重要构件。吊点和锚固点一般位于模块的角部，因此同时也在边梁的端部位置。

在一般情况下，轻型 C 形钢在沿其长度方向施加的荷载下可能发生以下形式的破坏：

（1）由于受压局部屈曲导致的弯曲破坏。当楼板托梁或者钢梁被间隔很密的连接完全约束或者被楼板连续约束时会发生这种形式的破坏。

（2）由于沿长度方向横向约束太少导致的约束点之间的横向扭转屈曲。

（3）吊装过程可能导致的荷载转向或者较大的局部荷载。

（4）在直接荷载或反应下梁腹板发生破坏。

（5）弯曲和腹板破坏、弯曲和剪切的组合效应。

（6）过大挠度的可靠性准则和自振频率影响的振动控制。

当梁与楼板之间的连接足够可靠时，通常认为楼板梁是被完全约束的。当梁与楼板之间未进行连接，或连接过于薄弱，一般会采用双截面构件（即背靠背放置），提高其抵抗侧向扭转屈曲的能力。

### 4.1.1 楼板托梁的要求

楼板托梁的设计一般以挠度的可靠性准则和振动控制为控制工况。轻质楼板结构一般采用以下设计限制：

（1）外加荷载挠度：跨度/450。

（2）总挠度（包括自重）：宽度/350 且＜15mm。

（3）固有频率：8Hz（按楼板自重＋楼面永久荷载 0.3kN/m² 计算）。

一般而言，大跨度楼板的设计由其固有频率限制来控制，亦可使用一种替代的标准，是限制在 1kN 局部荷载下楼板的变形小于 1.5mm。而按这种标准判断时需要计算参与承担荷载的楼板托梁的数量，因此设计过程会比较复杂。参与承担局部荷载的楼板托梁的有效数量通常为 2.5，当荷载较大或楼板材料刚度较大时提高到 4。

经验表明，限制楼板托梁的总变形量不大于 15mm 时，其自振频率对于振动控制来说是可以接受的。因此，以上变形限制对于跨度不大于 4.5m 的楼板托梁均适用。

### 4.1.2 楼板托梁设计

按以上标准计算的不同截面尺寸的 C 形楼板托梁的最大跨度值见表 4-1。楼板托梁的中心布置间距为 400mm（考虑了民用荷载和办公荷载两种情况）。楼板自重按可以提供足够的隔声性能"干式"板体系进行计算。

楼板托梁的最大典型跨度（m）　　　　　　　　　　表 4-1

| 托梁尺寸(高度×厚度,mm) | 民用荷载(1.5 kN/m²) | 办公荷载(2.5 kN/m²) |
|---|---|---|
| 150×1.2 | 3.6 | 3.2 |
| 150×1.6 | 3.8 | 3.5 |
| 175×1.2 | 3.9 | 3.6 |
| 175×1.6 | 4.2 | 3.9 |
| 200×1.2 | 4.1 | 3.8 |
| 200×1.6 | 4.5 | 4.2 |

注：托梁中心间距 400mm；楼板自重：0.32 kN/m²。

楼板托梁通常由纵向重型钢梁来支撑，由于这些梁没有被连续支撑，因此在复核是否符合以上的变形限制时，应考虑地板托梁和纵向梁组合变形。因此，模块的侧面经常会进行加固，以改善这些梁的刚度。

## 4.2　墙面

模块化单元的承重墙结构构件一般采用中心间隔 400mm 或 600mm 的卷边 C 形钢或者普通 C 形钢，通过设计主要用来抵抗由重力荷载和风荷载产生的轴力。形成建筑物外立面的墙体还需要抵抗风荷载产生的弯矩。

如果不对轻钢构件横向进行约束，其承载力相对较弱。然而，C 形钢的承载力能通过将两个 C 形截面背靠背放置形成双 C 形截面的方式得到提升，也可以通过在 C 形钢高度方向增加一个或两个横向约束得到提升。墙内构件一般采用单个 C 形钢，但在荷载较大的区域，例如窗口附近以及需要支持面板处需要使用双截面。

通过将保温材料放在框架之外可以实现外墙保温，从而创造一个"保温框架"。在某些情况下，保温材料可以放置在墙体构件之间，但是应在墙体内部设置一层隔气膜，以防止发生冷凝现象。各种围护材料都可以附着在该结构上。

龙骨的抗拉强度一般取决于连接的形式。这方面在吊装阶段非常重要，通常的做法是在吊点局部加固构件，通常在角点处会使用热轧中空截面构件。

## 4.2.1  承重墙设计

承载龙骨墙主要承受由楼板传来的轴向荷载，由偏心竖向荷载导致的弯矩或风荷载导致的弯矩，或者承受两种弯矩的组合。非承重墙仅通过构件受弯来抵抗风荷载。外墙可能还需要为脆性饰面层和围护结构提供支撑，这种情况下对挠度的限制会更严格。

龙骨的内力还取决于墙体是否连续或者存在局部支撑，以及是否有支座偏心。表 4-2 给出了非承重墙（仅承受风荷载）和承重墙（承受上部模块的竖向荷载）在不同层数的情况下典型的龙骨尺寸。这些截面假定采用卷边 C 形钢，并且在弱轴方向中间高度处有一个约束。如果有大的开口，或者有特别的荷载或者支座条件，这些截面尺寸有可能需要加大。

**模块化建筑墙龙骨典型截面尺寸（高度×板厚）（mm）**　　　　　　表 4-2

| 墙体荷载情况 | 层高(m) | | |
|---|---|---|---|
| | 2.5 | 3.0 | 3.5 |
| 非承重墙* | 75×1.2 | 75×1.6 | 100×1.6 |
| 承重墙（≤3 层） | 100×1.6 | 100×2.4 | 120×2.4 |
| 承重墙(4～5 层) | 150×1.6 | 150×2.4 | 150×3.2 |

注：龙骨中心间距 400mm；* 风荷载：0.75 kN/m²。

在一栋瓦屋顶的 3 层高的建筑中，连续支撑的墙龙骨的典型轴力为 20～30kN，而由偏心和风荷载产生的典型弯矩为 1.0～1.5kN·m，可以选用 100mm×1.6mm 的薄壁龙骨作为外墙的受力构件。

(1) 外墙施工可以使用的两种主要系统为：

① 围护体系完全在现场按常规技术施工。

② 围护体系全部或部分在工厂进行预制，填充部分或者次要围护构件可以在现场完成。

(2) 划归于第一类的围护材料的例子有：

① 由基础或结构进行竖向支撑的砖砌体。

② 适用于刚性防水的凝胶材料。

③ 附着于子结构或直接附着在结构上的金属板或薄板。

④ 百叶或其他部分。

(3) 可以预制到模块单元上的围护材料的例子有：

① 盒式面板与置于模块之间节点上的填充片。

② 包含砖卡瓦的板、瓷砖或砂浆，按建筑效果要求可以强调或隐藏模块间接缝。

现场砌筑砖砌体是比较耗费时间的一种施工作业，而且需要单独的基础。自承重砖砌体墙可以设计达到 12m 高，当然在使用高强度砖的情况下可以建得更高。侧向支撑可以通过连接砌体和轻钢结构来实现。外墙区域连接点的最小布置密度为 2.5 个连接/m²。在轻钢结构框架中，可以通过类似于木结构中使用的"人字形"的连接来实现，或者通过在原本隔断的钢龙骨上安装垂直轨道来实现。这些垂直轨道应按 1.2 m 的间距进行布置，也就是说每 5~6 块砖砌体进行一次连接。

对于较高的建筑物（4 层以上），可能需要每层布置或隔层布置独立的竖向支持，模块设计时应考虑这部分附加的荷载。典型的砖砌体支撑节点如图 4-2 所示，不同的竖向变形量通过连接来协调。

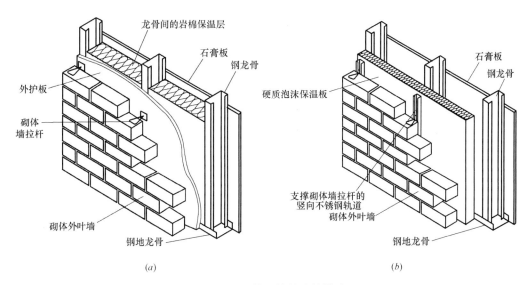

**图 4-2　砌体围护的连接做法**
(a) 龙骨间保温和外护板；(b) 外保温和墙拉杆的竖向轨道

轻型围护结构可以采用波纹板、衬板、盒式面板、复合板、干挂瓷砖或者安装木板的形式。压型钢板、衬板和复合板是线性组件，而盒式面板则是离散的方形或矩形组件，典型尺寸为 600~1200mm。一般来说，这些围护组件都需要二级框架进行支撑。二级框架是与内部框架隔断的，以避免产生冷桥。其他围护类别的典型支撑节点如图 4-3 所示。

墙体挂板的目的是提供耐候性和满足外观需要。模块建筑的挂板可以为自身提供垂直支撑，由单元提供水平支撑，也可以选择由模块结构提供全部支撑。

以下为两种常见外立面施工系统：

（1）运用常规技术现场安装全部挂板。

（2）部分或全部挂板工厂固定，现场安装填充或二级挂板。

属于第一类的挂板材料：

（1）砖砌，由基础提供竖向支撑，结构提供横向支撑。

（2）水泥基抹灰附加硬质保温材料。

（3）固定在二级框架或直接固定至结构上的钢板或片材。

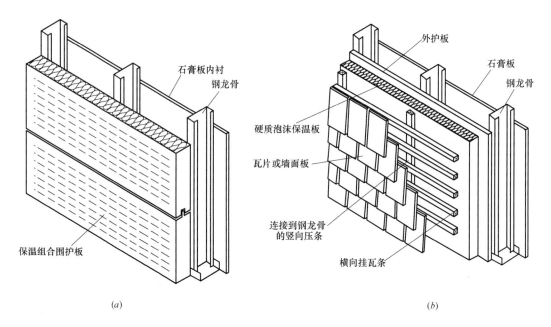

**图 4-3 其他围护体系的界面做法**

(a) 直接与龙骨连接的组合板；(b) 固定在龙骨上的挂瓦条

高于 12m 的建筑物通常不使用砖砌挂板，因为需要独立竖向支撑。

可预先固定至模块单元的挂板举例：

(1) 安装在单元连接处的带填充的盒式板；

(2) 为了建筑效果突出或隐藏单元的接缝的砖或砖瓷板，如图 4-4 所示。

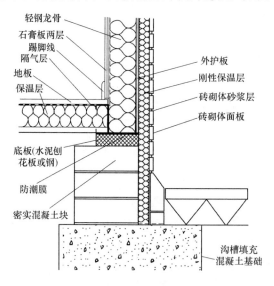

**图 4-4 轻质挂板的基础节点**

距离场地边界 1m 之内的挂板应是不易燃的，对靠近边界的开洞尺寸以及立面的"未防护区域"进行了限制。

外部挂板和模块结构之间的空腔必须包含隔层，起到阻挡烟和火焰扩散的作用，所有独立住宅或者防火分区都要求有空腔隔断，通常使用矿物棉。

## 4.2.2　砌块挂板

砌块构件的自重可靠自身支撑（条形基础），并将水平荷载通过连接砖砌构件的墙体连接件传递到模块结构上。墙体连接件排布密度为，外立面每平方米 2.5 个。轻钢框架的墙体连接件是"V"形的，固定于结构衬板上或者将竖向的导轨穿过保温层固定至结构上。竖向导轨的间距一般为 0.6m，如图 4-5 所示，墙体连接件沿着砌砖方向每隔 5 块或

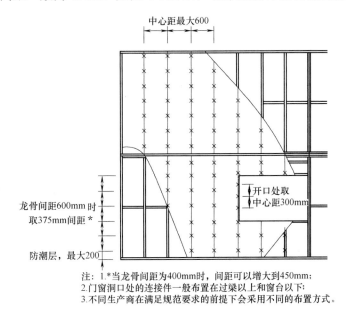

中心距最大600

龙骨间距600mm时
取375mm间距 *

防潮层，最大200

开口处取
中心距300mm

注：1.*当龙骨间距为400mm时，间距可以增大到450mm；
　　2.门窗洞口处的连接件一般布置在过梁以上和窗台以下；
　　3.不同生产商在满足规范要求的前提下会采用不同的布置方式。

**图 4-5　砖砌体墙铁间距**

者 6 块砖布置一个。通常，模块单元对砖砌挂板只具有水平约束，但是当建筑物高度超过 12m 时，模块单元需要对其进行垂直支撑。每个楼层或间隔楼层都应该提供独立的支撑力，模块单元的设计应可抵抗额外水平荷载，如图 4-6 所示。砖砌体的过梁应该在结构上独立于模块结构。

模块和外部砌砖之间的空腔应具有自排水功能，而且为沿底部的防潮层的排水口提供开洞并且开洞上方安装空腔挡水板。同时应增加空腔隔层以阻挡烟扩散。

砖砌挂板需要单独的基础，砌砖活动需要在现场进行并且耗时较长。高墙的开洞周边节点需要考虑各种不同的垂直变形。

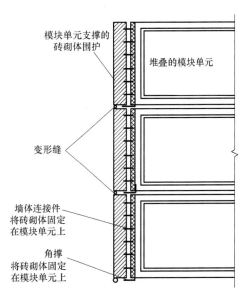

模块单元支撑的
砖砌体围护

堆叠的模块单元

变形缝

墙体连接件
将砖砌体固定
在模块单元上

角撑
将砖砌体固定
在模块单元上

**图 4-6　模块结构的附加运动连接支撑砖砌挂件**

### 4.2.3 轻质挂板

轻质挂板由模块单元提供支撑，单元设计时应考虑额外荷载。轻质挂板的形式为压型板、内衬夹层、盒式板或者组合板。如果盒式板是分离的正方形或者长方形构件，典型尺寸在 600~1200mm 之间，压型板、内衬夹层以及组合板都是内衬构件。

很多情况下，需要钢制或者铝制的二次框架支撑那些挂板构件，二次框架独立于内部结构以避免形成冷桥。部分轻质挂板可在工厂内直接固定到模块单元上，单元之间的连接在现场密封。这对设计和施工的精确度提出较高要求。

由模块直接支撑轻质挂板的优点是结构和挂板之间微小的相对位移可以忽略不计，变形缝可以减少或者省略。有些情况下，可先将挂板连接至模块上，再整体运送至现场，挂板接缝用现场的防水板遮挡。该做法对于盒式板可行，因为板接缝处可以调节微小偏差。

转角连接处和其他构件搭接节点设计，对于瓷砖悬挂挂板的外观和防水性十分重要。另外，窗户周边和建筑物转角处也应重点留意，如图 4-7 所示。

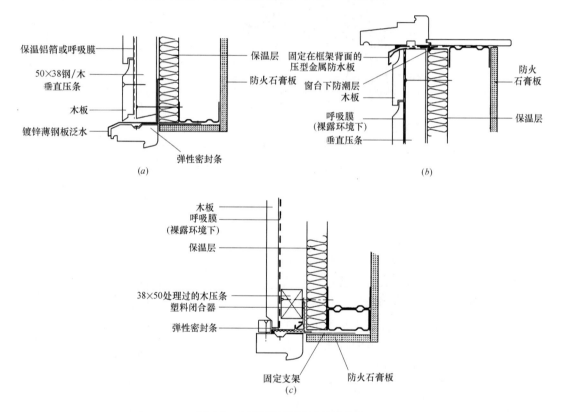

**图 4-7 门窗洞口处瓷砖悬挂节点**

（a）顶部细节；（b）窗台细节；（c）边框细节（平面图）

### 4.2.4 抹灰挂板

对于建筑外立面，可选择多种由模块结构直接提供支撑的抹灰挂板（图 4-8），其呈现出多种多样的颜色和完成面效果，可以是仿砖砌效果或者十分光滑的完成面，并可制成不同颜色和纹理。

通常，抹灰挂板分为传统水泥或砂浆抹灰和新型高分子聚合物加强抹灰。水泥基抹灰的厚度一般为 20～25mm，需要定期维护。抹灰要求附着在坚固的基层上或者固定在木板条上的可延展的不锈钢网上。而且抹灰需要按一定间距布置变形缝，特别是在两个相邻箱体之间的位置。

高分子聚合物抹灰通常会更薄（5～10mm）、更轻，可承受一定的变形并且对围护要求不高。该抹灰通常由聚丙烯（或类似化合物）织成的网片加固，可以应用于硬质保温板材。在安装变形缝施工以及开洞和连接处周边节点步骤都应该遵守制造商的操作规范。抹灰挂板尤其适用于模块施工，因为在工厂可控环境中方便安装挂板，模块单元装好后可在现场进行接缝施工。

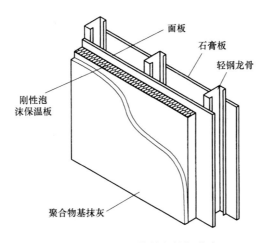

面板
石膏板
轻钢龙骨
刚性泡沫保温板
聚合物基抹灰

**图 4-8　聚合物基抹灰挂板节点**

## 4.2.5　木制挂板

诸多种类的标准木质压型板可用于挂板，其可以通过刨平、锯开、切直等操作做成各种截面，如企口、搭叠、薄缘或者缺棱的板材。挂板由模块结构直接支撑，固定到压条或者顺水条上（可按需设置），呼吸纸固定于轻钢框架背侧，如图 4-9 所示。采用木质挂板时，在围护和模块之间仍需要安装空腔隔断。

木质挂板越来越受到住宅建筑的欢迎，经常有与其他类型挂板，如砖砌、抹灰组合使用的情况。一些用作挂板的木材品种，如橡树、雪松、落叶松通常不需要任何处理和外部装饰，使用时也就不需要特殊的保养和维护，软木挂板需要做防腐处理和常规保养维护。

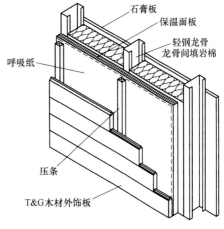

石膏板
保温面板
轻钢龙骨
龙骨间填岩棉
呼吸纸
压条
T&G木材外饰板

**图 4-9　木质挂板节点**

外立面板的选择非常重要，应确保板接缝处不会存水并且能承受季节性的变形。建议的最小厚度是 16mm，最佳厚度为 19mm，固定用的钉子应选用镀锌或者不锈钢材质。

### 4.2.6　门窗洞口

通常在工厂里门窗框架已经被安装至模块单元中，其节点基本和其他形式的框架现场施工类似。每个模块单元里开洞和布置玻璃部位的大小仅仅受到结构构件布置的限制，如果存在较大洞口，模块的部分结构很可能需要采用热轧钢构件。

外部挂板的节点必须符合洞口和周边防水节点要求，如图 4-10 所示。洞口上方的砌体由过梁支撑，独立于模块。

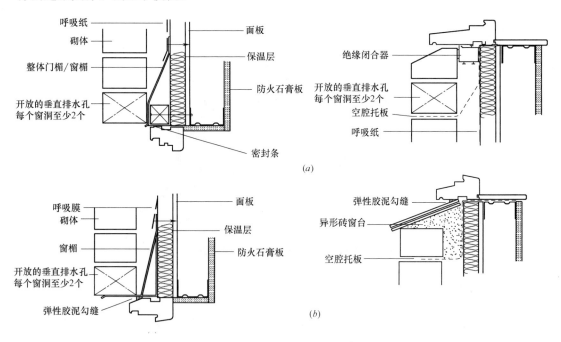

**图 4-10　固定在模块单元的砖砌挂板开洞的通用节点**
(a) 斜砖窗台；(b) 平开窗的平砌窗台和窗头

### 4.2.7　变形缝

虽然钢构件不会受徐变、收缩影响，在挂板和模块结构之间还是要留足允许的相对变形的余量，尤其是对于自承重的挂板，例如砖砌挂板。任何和模块结构连接的进入或穿过外部挂板的构件，例如窗台、风口或溢水排水管周围都必须留有一定空隙且填满密封胶以便允许由于砖砌挂板膨胀产生的差异移动，如图 4-11 所示。

不同类型挂板之间的相对位移也要充分考虑。例如，固定在模块单元上的砖石挂板和轻质挂板之间的接缝，如图 4-12 所示。对于像盒式面板、木板或者悬挂瓷砖这些挂板材料，构件之间接缝应允许有位移产生，但对于大面积抹灰挂板的变形缝更应给予重视。

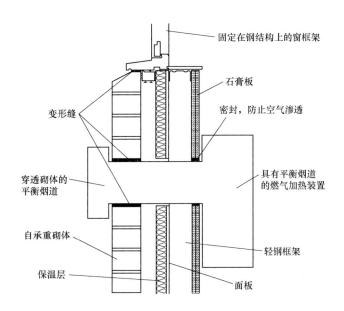

固定在钢结构上的窗框架

石膏板

密封，防止空气渗透

变形缝

穿透砌体的
平衡烟道

具有平衡烟道
的燃气加热装置

自承重砌体

轻钢框架

保温层

面板

图 4-11 穿板周围变形允许范围

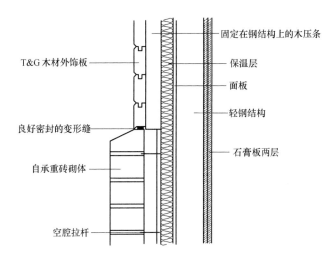

固定在钢结构上的木压条

T&G 木材外饰板

保温层

面板

轻钢结构

良好密封的变形缝

石膏板两层

自承重砖砌体

空腔拉杆

图 4-12 砖石挂板和轻质挂板之间需要变形缝

## 4.3 屋面

　　屋顶通常被设计成独立的结构体系，可以连续的坐落在模块化单元的内墙上或者跨越外墙之间的距离。屋顶可以被设计成方便组装的模块化单元，这种做法在高层建筑中优势更加明显，因为包括其表层材料都可以整体在工厂进行预制，减少现场高空作业的工作量。但这种做法在除了双坡屋面以外的屋面形式应用不多。

　　各种屋面材料都可以在模块化结构中使用，并且可以由不同种类的屋顶桁架支撑。屋面做法一般包括以下两种类型：

（1）采用固定在桁架之间挂瓦条上的挂瓦。

（2）采用固定在重型桁架或者山墙之间的檩条上的板材。

屋顶通过设计需要能承受以下荷载：屋顶覆盖物自重、雪荷载、放置在屋顶上的水箱和设备荷载、居住使用荷载，屋顶和模块单元之间的节点应能满足风吸力产生的压力和拉力。在一些项目中，屋顶被设计成可拆卸的，使得建筑物在后期可以扩建。

没有建筑规程对屋顶结构有耐火要求，除非屋顶空间用来居住，但是屋顶空间内所有隔墙的耐火时间都应该符合屋顶下空间的要求。

图 4-13 展示的是在模块建筑中经常采用的多种坡屋顶结构。

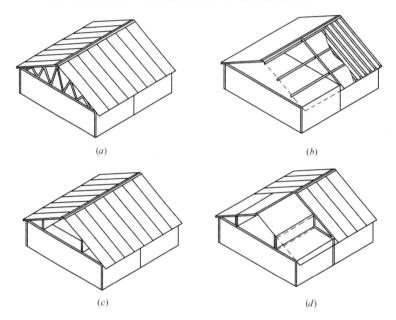

*(a)*          *(b)*

*(c)*          *(d)*

**图 4-13　使用模块结构的典型屋顶结构示意图**

（*a*）由模块单元支撑的放置在墙体上的屋架；（*b*）模块单元边墙上设置横墙，横墙间布置檩条；
（*c*）可以提供实用的屋顶空间的阁楼屋架；（*d*）模块化屋顶单元

## 4.3.1　坡屋顶

最常见的做法是使用木桁架，其位于每个模块的边缘处的木墙板上，沿着外墙边线，如需要可在模块内墙增加支撑结构的数量。

屋顶设计用途可以是用来居住，也可以不居住。通常，屋顶桁架是木头或者轻质钢材料制成，其跨度为 7~10m。有种廉价可靠的方案叫"Fink"屋顶桁架被经常选用，但其不适用于居住型屋顶。其桁架间距通常为 600mm，由屋顶板条直接支撑，屋顶空间是不保温的，保温材料安装在下部模块单元的天花板上。图 4-14 展示的是该屋顶檐口节点。

也可选用"敞开式屋顶"，使用钢制"阁楼桁架"或者在侧墙或横隔墙之间设置横跨檩条。第一种方案更适合大房子，但对于较窄的成排房屋第二种方案使用更为方便。阁楼桁架是用螺栓将 C 形钢固定在一起形成的结构体系，使得底部桁架弦杆和檩条共同产生支撑力，檩条通常使用断开的 C 形或 Z 形。图 4-15 为采用"敞开式"屋顶的房屋案例。

此类型屋顶的屋面材料有多种选择，例如可以使用包含结构构件、保温层、毛毡防水

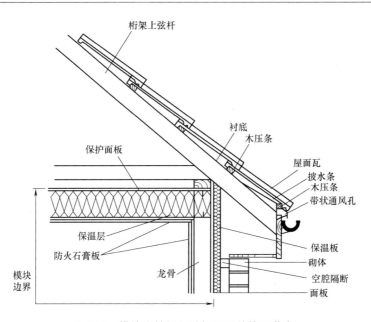

图 4-14　模块支撑桁架筏板屋顶的檐口节点

层、条板的预制叠合板,这种板可以直接由吊车放置于檩条上,然后在现场固定安装。也可以将钢内衬挡板或者饰面板横铺在檩条上,用来支撑砖瓦压条。更常规的结构是用檩条支撑木头或轻钢材质的椽子或者盖板,然后它们再对压条或者砖瓦提供支撑。

图 4-15　吊装预组装屋面结构安装到轻钢框架房屋

　　特殊的双斜坡屋顶可以提供更多居住空间并且可以模块单元形式生产。

　　为了创造出"保温屋顶",使屋面空间适宜于居住,保温层应安装在屋顶构件的外侧,螺栓穿过保温层将屋顶盖板和压条固定到构件上。附加保温可以安装在椽子之间,屋檐处需要特殊节点做法,以阻挡热量流失。

## 4.3.2　屋顶挂板和节点

　　目前所有屋面系统都适用于模块建筑。黏土和混凝土砖、天然石板、水泥石板、木瓦都可以按常规的节点做法直接应用,但压条和屋顶毛毡的使用是必需的,压型钢板和铝板也可以选用。模块建筑的屋顶材料通常包括压条支撑的砖或者檩条上部的屋顶板,现代屋顶一般包括屋顶板支撑的砖或者结构过梁挡板。平屋顶上可增加多种防风雨的构造,而坡屋顶可以通过在边界上安装保暖材料来使屋顶成为"保温屋顶"。屋顶覆盖材料和板条用螺栓穿过保温层被固定在构件上,需要采取特殊的构造措施以防止屋檐处的热量流失。但是大多数情况下保温是直接安装于模块单元的上表面的,此时形成的屋顶空间是不保温的。

根据建筑物距离场地边界的距离和用途,控制屋面的防火等级。大多数坡屋顶的常见挂板材料防火等级都是 AA,意味着它们可以在距离场地边界 6m 之间使用。

## 4.3.3 通风要求

对建筑物屋面的密封度给出要求,屋顶空间需要足够的对流通风。一个带通风的不保温阁楼坡屋顶,相当于需要沿着每个檐口有 10mm 宽的连续洞口带所提供的对流通风(图 4-16a)。如果保温沿着盖板的坡度或者在盖板之间或者在盖板下面、保温上部和屋盖板下部之间应该留有 50mm 的空气层,并且需要在檐口安装 25mm 宽的风口、在屋脊处留有 10mm 宽的带装通风(图 4-16b)。

也可以选择保温在结构外部的"保温屋顶"方案,这种情况下没有通风要求(图 4-16c)。

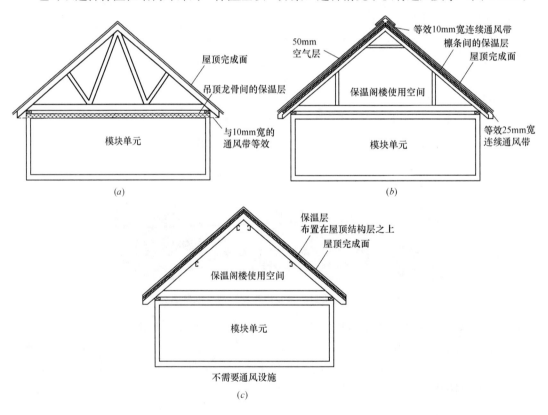

图 4-16 屋顶通风要求

(a) 不保温阁楼;(b) 檩条间设置保温层的保温阁楼;(c) 在檩条之上布置保温层的保温阁楼

注:墙体保温层应与屋面保温层连续布置,图中为表示清晰部分做法未画出

### 4.3.4 平屋顶

模块建筑的平屋顶使用原则和传统施工的原则基本相同。模块单元结构设计时应注意附加的局部荷载，例如上部模块的天花板结构可能需要直接支撑屋顶或者在模块单元墙之间需横跨独立的屋顶结构。

平屋顶构造也有多种选择，包括单层屋顶、二级龙骨上组装的毛毡屋顶或者多种板型的屋顶，后者的跨度更大并且下部不需要布置太多的二级构件。

屋檐节点可以是悬挑屋檐配外部排水槽，排水管可以沿外立面布置或者隐藏在模块建筑内。例如图 4-17 所示的女儿墙节点，使用的是标准平屋顶排水网和内部排水管。在这种情况下，排水管一般会布置在竖向设备管线槽中，需和排污管、通风管以及其他垂直设备管线进行协调布置。

对于平屋顶还应关注接缝处可能出现相对位移，尤其是安装了砖石挂板的情况。屋顶坡度应不小于 1:40。不保温平屋顶、保温平屋顶、倒置式平屋顶都可以通过设计实现。

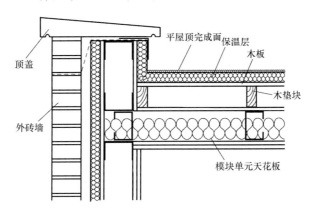

图 4-17 带女儿墙平屋顶

## 4.4 连接节点

（1）模块的轻钢框架构件间的基本连接形式共有两种：
① 在工厂进行的连接，作为生产流程的一部分。
② 在现场进行的连接。
（2）在常规轻钢框架、墙板、屋面单元和部分楼面板中，通常会使用以下连接技术进行预制：
① 自钻自攻铆钉。
② 焊接。
③ 铆钉连接。
④ 自穿孔铆钉。

焊接区域在施工后应用富锌涂料进行保护，其他连接技术不会破坏镀锌涂层，因此不需要进行修复。

在模块化建筑中，生产过程决定了采用哪种连接技术。由于连接工具桥式平衡臂易于操作，因此自穿孔铆钉连接的使用已经越来越广泛，而且连接强度相对较高。但是这种连接技术在操作空间较小的位置不能使用。出于这个原因，在较小的构件连接中经常会采用附加节点板的方式来完成连接。

楼板和墙板之间的现场连接节点一般采用螺栓连接，从而使得吊装和定位更加简便。在建筑模块上会分散地布置必要的吊点，通常是直接焊接在框架上的（在模块化单元的角部）。

模块化单元在安装期间会单独进行支撑，以保证其稳定性。交叉扁钢经常被布置在模块单元外侧充当临时支撑构件。楼板由于地板材料的隔膜效应能提供足够的刚度，因此不需要布置支撑。

模块单元之间的连接一般是通过现场螺栓连接完成的。例如，竖向荷载通过用螺栓连接的对齐的柱或者墙向下传递。如果需要，可以附加支撑构件和连接件保证模块化单元的整体稳定性和完整性。

# 5 建 造

## 5.1 建造关键点

生产效率和物流（例如运输和吊装成本等）对决定模块化建筑项目的经济性起到了重要作用，与之相关的几个关键点如下：

（1）方便制造。

由于模块需要满足集成流水线生产和运输安装过程的要求，模块的结构部分的效率可能不是最优。而模块的组装、工厂集成、吊装和现场安装的过程，经常需要特殊的组件协助才能完成。然而，为了减少不必要的库存和提高生产效率，组件的种类需要优化到最少。

（2）单元体积的价值。

每个模块化单元体积的价值越高，在保持模块化体系可运性和竞争力的前提下的运输距离就越长。在模块化的设计过程中，应该使得模块的价值与体积的比率尽可能被优化，以使得运输和安装的成本保持在可接受的范围内。通常建筑物的专用服务单元会采用模块化体系来建造，而其他部分则仍然按常规做法完成。

（3）涂饰。

模块可以使用"干衬"技术从内部完成涂饰。如果能降低流水线成本，采用其他方法可能会更加经济。

（4）运输。

运输成本取决于从工厂到施工现场的行驶距离。为了避免道路运输宽度限制影响运输过程，单模块的宽度不应超过 4.2m，长度不应超过 18m。如果有可能，最好调整模块或模块的组件的尺寸，使它们能符合标准的 20 英尺（6.1m）或 40 英尺（12.2m）长的半挂牵引车的拖运要求。

（5）吊装。

模块的尺寸越大，重量越大，吊装过程所需要的吊车就越大，吊车完成吊装所需要的操作空间也越大。大的房间可以拆分为由小的模块单元组成。这种情况下应在开敞面布置额外的支撑，使其在吊装的过程中具有足够的稳定性。

（6）现场物流。

模块单元一般都是从运输车辆上直接被吊装到最终安装位置的。所以很明显，模块应该在正确的时间以正确的顺序运抵现场。在中心城区，由于道路的限制，模块的运输和吊装往往需要在正常时间以外的时间段来完成。但是，相关的操作也需要相对安静和环保，也就是降低垃圾处理成本和减少对环境的干扰。

## 5.2　工厂制作

模块建筑工程的施工比常规建筑工程施工时间可以减少 50%～60%，这是因为受天气、材料供应因素制约的现场施工被高效的工厂生产所取代。模块日安装数量可以达到 5～10 个，模块在运至现场前已经排齐、配备好，接续的工作量就会大大降低。

模块专业施工要求模块生产厂家在早期就参与，以减少生产周期，同时要完善和其他施工专业的界面，包括设备布管。

（1）生产周期。

如果模块单元类型是生产过的或者属于类似工程项目的，生产物流已经成形，生产周期从模块单元下订单到交货可以缩短至 6～8 周。即使是在一个典型的常规酒店项目中，也有 8 个不同的模块单元分别代表内部、底部、屋顶、左侧单元和右侧单元，但是所有单元的地面配置都是基本类似的。

当建筑首次考虑使用模块施工，应给模块生产厂家足够时间进行预生产模型的制作，有助于解决设计和生产中可能会遇到的问题。模型制作通常需要 4～6 周的时间，因此，合理的模块生产交货期将延长至 10～14 周。并且模块制作期间设计不能作任何变动，否则会造成延误和额外费用。

项目实际完工时间常常由吊装及一些大型复杂设备订货情况所决定，不固定的家具可以后期到现场安装，固定家具在工厂内安装。

（2）典型施工计划。

一个典型的模块建筑施工计划时间通常比完全工地现场施工的施工计划缩短 50%。主要节省的时间是在主体结构施工、设备管线以及服务设施施工上。

尽管从订单到完工时间已经大大缩短，意味着不稳定的现场施工已经被高效、质量可控的工厂施工所取代。但模块化程度不同，现场以外的订货周期也会不同，大型机电设备采购决定着整体采购周期。

## 5.3　包装与运输要求

运输方面关注的主要要求是，可以在高速公路上运输的运载物的最大宽度和高度。通常允许在英国运输的最大宽度为 3.5m，但是如果有使用道路许可的话，可以提高到 4.3m。在辅助道路上运载物的最大高度为 4.5m。但是在一些老的桥特别是铁路桥下可能会有净空的局部限制，在这种情况下运载物最大高度为 3.9m，而且可能需要使用低平板挂车。

按照公路运输的规定，这些运输要求在图 5-1 中进行了总结。特种运输及其运载物最大宽度可达 2.9m 而不受限制。当超常规运载物的整体宽度超过 5m 时，必须获得事先批准。当运载宽度大于 3.5m 或者长度大于 18.3m 的运载物时，或者在任何情况下车辆和拖车的长度超过 25.9m 时，需要在特种车辆行驶时配备副驾驶员。集装箱类型的模块单元宽度应小于 2.43m，长度应小于 12.2m。

模块化单元应该具备足够的防风防雨性能，特别是在运输过程中，有可能发生的风振

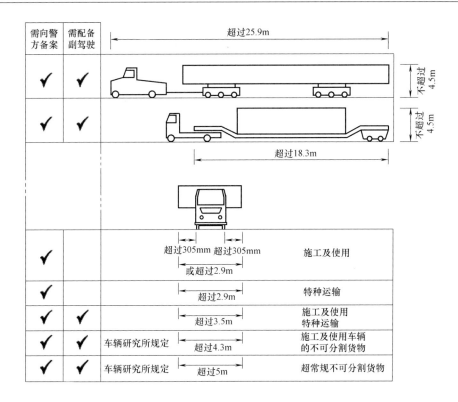

图 5-1　一般尺寸运输物的运输要求汇总

损伤问题。因此，通常模块单元在整个施工期间会一直由重型塑料覆盖。但是应留意模块之间的连接节点、走廊、设备空间等细节位置，以防止在施工期间出现进水的情况。这部分工作通常是模块供应商的责任。运至现场的模块单元应妥善保护，避免接续作业对其造成损坏，在试运行阶段尤其要采取必要的预防措施。

## 5.4　工地组装与吊装

每一个模块单元的生产厂家都有一套现场施工程序，以确保顺畅施工，有些厂家的程序获得了 ISO 9001 认证。模块厂家给基础承包商提供精确的建筑物测量放线指示，通常包括基础、设备管线连接方式、排水点和其他重要点位精确的网格坐标。基础承包商应该清楚此类型施工的这些点位的偏差范围。

在模块运输前，模块生产厂家通常会多次查看施工现场，以确保模块安装的条件都得到了满足，所有达不到要求的问题都应该在模块运至现场前解决。厂家通常会派出负责人保持与现场的联络，以确保模块的安全运输和正确安装，并且在安装之前将所有应注意的细节告知基础承包商。

吊装操作对模块产生的内部压力和常规状态下存在的内力分布显著不同，尤其是吊点位置会产生较大的局部荷载。因此，需要对吊点附近的构件和相应的连接节点进行加固以抵抗这些荷载。通常在这些位置会使用热轧型钢，而在其他位置则采用轻钢构件。

吊装操作技术很多，取决于吊车臂长，具体吊装方体如图 5-2 所示。通常吊装是从单元的顶部进行，起重索的角度应使得其内力的水平分量不会过大。最佳的吊点位置在单元长度方向离端部距离为长度的 20％ 处，此时结构最为稳定。然而单元通常通过其角部起吊，此时一般需要使用一个单独的起重架或者成对的横梁。一个与单元的平面尺寸相同大小的重型起重架最为合适，因为它不会在单元中产生额外的轴力和剪力。

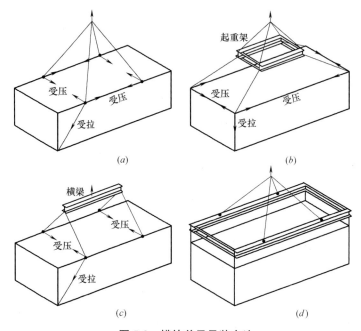

图 5-2　模块单元吊装方法

（a）吊点直接起吊；（b）使用起重架起吊；（c）使用横梁起吊；（d）使用成对横梁起吊

较小的单元也可以通过其底部起吊。但是在这种情况下，起重索在模块顶部的角度变化可能会导致单元上角发生局部损伤。

设计时，起吊力应包含大小为模块自重多倍的动力分量。通常，起吊力会在四个吊点之间平均分配，也应包括水平力（由于倾斜起吊索内力的分量产生）。

吊装的全过程中要遵从模块厂家对吊装允许荷载和安装的要求，以避免对已完成的模块造成损坏。合同中吊装职责最好归属于模块厂家，因为它们最清楚模块适宜的吊装方式，以及模块在处理中的耐受度。

## 5.5　维护运营

用轻钢框架模块单元建造的建筑很容易就可以拆除并清理出现场，同时模块单元可以再次利用，也可以进厂调整或者拆除回收构件。

若设计阶段已经明确建筑物后期有选址重建的需求，则应考虑模块单元与其他构件（如墙挂板、屋顶、设备管线）的关系，使其便于拆除作业。例如，砖石挂板很难在不破坏单元和装饰情况下从单元表面剥离，相反，其他轻质装饰可以轻易地通过卸掉螺钉和螺栓来拆除，这样模块单元和装饰板都可以再次使用。同样，大型预制屋顶结构也可轻松拆除并循环利用。

# 6 效 益 评 价

使用模块化体系建筑的动力来源于多种明确的客户利益。与这些利益相关的价值则取决于特定的客户需求，以及建筑物的使用功能和位置。

然而各种共同的价值，可以在一个通常不包括在常规工程量清单中的价值工程评估因子中加以考虑。

## 6.1　施工速度

由于现场施工速度带来的成本降低可以被量化为：

（1）减少现场租用工棚及其他设施的时间。

通常现场施工准备预计占总造价的 8％～15％。因此现场缩减 50％ 的施工时间会为承包商节约相当的施工准备工作的成本。虽然现场施工准备工作在工程量清单上是明确的，但是为客户节约的这些成本的优势通常并未明确体现。

（2）提前客户投资的回报时间。

这个优点取决于商业操作，但是其至少可以通过缩短建设周期节省由于土地成本和平均建设成本导致的利息费用。若操作得当则可以激发建筑早期运作期间的盈利潜能。

（3）对现有设施的盈利潜能造成损失。

当对现有建筑（例如宾馆）进行扩建或改建时，会对原有设施的正常营业造成影响，对用户而言这是真正的成本。施工周期的缩短将会为客户减少相当的损失。

（4）建设工程的可预测性（即超支风险较小）。

与传统现场密集型建设体系相比，从现场工期缩短角度计算，由于施工操作速度提供的总体收益可以达到整体建设成本的 5％～10％。

## 6.2　施工操作的效益

普通的施工操作往往受到场地的特点和位置的限制，模块化建筑体系可以给施工操作带来非常大的好处，并且可以减少或减轻很多可能遇到的常见的问题。

（1）在一些敏感的场地（通常在内城区域）会对每天运送材料到现场的时间有限定，或者会限制在工作时间的运输活动以减轻对交通的影响，以及一些其他的限制。

（2）对施工操作噪声的限制，特别是当临近已有建筑物时。

（3）很短的建设"天气窗口期"，例如在暴露或荒凉的区域。

（4）缺少合适的现场施工工人，或者运送工人到比较远的场地的成本较高。

（5）建筑物周围缺乏布置现场存储、现场工棚等的工作空间。

这些限制通常是由具体的场地特点决定的，但是它们对于确定建设方法有重要的影响。要想得到使用模块化技术的机会，必须在决策过程的早期阶段进行调查，量化这些因素的影响。

同样，模块化技术的现场施工还会带来些直接的好处，例如：

（1）材料垃圾产生量大大减少，处理垃圾费用相应减少；

（2）使用吊装设备频率减少，可以短期租赁重型吊车搬运模块单元；

（3）现场操作减少，潜在需要的现场设施减少等。

## 6.3　经济性

### 6.3.1　规模生产效益优势

规整的卧室和浴室单元可以按易于运输的标准尺寸和规格进行生产。在这种情况下，通过工厂生产和预测试可以带来规模经济效益、高速生产和高质量控制等优势。

生产的规模经济效益具有以下优势：

（1）在生产线运行方面进行更大的投资，从而使得组装速度更快。

（2）更强调通过测试改进设计，从易于制造的角度使得细节更加合理化。

（3）建立严格的质量保证程序，防止返工。

（4）更好的设计，包括在适度的增加成本和难度的情况下进行可能的变更。

（5）专业供应商更多地参与，例如服务设施供应商。

（6）通过高效的预定和使用材料来减少浪费。

### 6.3.2　模块建筑在翻新方面优势

翻新行业占据了建筑市场的 40% 以上的规模，并且在施工操作方面有其自身的特点。模块化建筑在翻新方面的优势主要在于：

（1）减少对特殊场地周围环境的干扰，可以很方便地将模块单元吊装到位。

（2）在翻新期间可以不对住户进行转移（对顶层扩展而言是可行的）。

（3）模块单元自重很轻，不需要对现有建筑进行大规模的加固强化。

### 6.3.3　模块建筑不足点

从其劣势来说，应该注意到以下几点：

（1）由于对于吊装和运输的要求，结构在正常使用状态下可能会是"过度设计"的。

（2）需要"标准化"，意味着为了生产效率牺牲了一些材料使用上的经济性。

（3）在一个指定项目中非标准模块的数量增加将会导致成本的增加。

在任何情况下，规模经济效益都会随着标准化程度和生产线效率的增加而增长。模块供应商通过标准模块的测试可以使得专有的建筑模块系统获得认证，从而使得大量类似的项目不需要进行重复的设计计算。

## 6.4　质量效益

质量往往是那些关心建筑后续使用的业主的关键问题。模块化建筑在以下方面对质量有很大的影响：

（1）有些客户因为其业务运营对质量保证有很高的要求，而且从他们的角度来看，单点采购路线将所有的责任都集中在了制造商身上更有利。

（2）在模块建筑中，可以在安装前进行场外实验来验证整个系统的可靠性。这点对于专用服务单元特别有效，例如机房、电梯和厨房等。

（3）在传统建筑中，很多承包商会允许 $1\%\sim2\%$ 的成本用于查缺补漏和返工。当采用模块建筑时，这部分成本相比于现场施工将大大降低。

（4）轻钢结构非常坚固，不会受到性能退化的影响。其变形量很小，可以避免饰面材料开裂。同时，在加工过程中和脏活不交叉，也能避免对已完成部分的破坏。

（5）模块建筑提供了一系列被证明有效的方案（传统施工的每一个建筑都是全新的）。

（6）客户可以在生产阶段进行模块单元工厂验收，确保达到设计质量和外观。

## 6.5　环境效益

### 6.5.1　轻钢结构环境效益

钢结构，特别是轻钢结构框架具有以下环境效益：

（1）钢材是一种非常高效的结构材料，仅需相对较小的用钢量（表示为 $kg/m^2$）就可以实现大跨度和高承载力的要求。

（2）轻钢结构框架自重很轻，在现场可以很方便地进行处理而不需要昂贵的设备。

（3）轻钢结构框架所使用的镀锌钢材具有稳定的性能和出色的耐用性，一般（特别是在内部环境下）不会出现性能退化。

（4）钢结构建筑可以通过螺栓或焊接连接附件、切割开孔、加固等改变用途。

（5）所有的钢材都可以重复利用，实际上现在多达 $50\%$ 新建钢结构的材料是来源于废旧钢材。

（6）钢型材很容易就可以进行回收和再次利用。

模块化建筑相对于更传统的现场密集型建筑而言具有卓越的环境优势，具体可以在以下这些方面得到体现：

（1）制造过程中的能源使用较低。

（2）施工操作少且相对安静。

（3）服务运营中的能量消耗低。

（4）模块化单元的可以进行重新定位和再利用。

环境友好型的钢结构建筑的作用，也包括了轻钢结构带来的优势，罗列出了在建筑工业对环境的影响的背景下钢材的优点。

### 6.5.2　施工操作过程中的环境效益

施工操作过程中的环境效益主要来自于施工周期的缩短，以此减少对当地环境的影响。但是，施工操作也有一些没那么明显的局部环境效益，包括：

（1）模块化单元的现场安装是一种快速而且安静的操作，可以"及时"的完成，其对于现场储存和额外的嘈杂的设备没有任何要求。

（2）模块化单元的运输和安装可以定时完成，以符合不同场地对于工作时间和道路交通的限制。

（3）对于各种相对少量的现场材料的运输需求大大降低。

（4）产生更少的废弃物，因此从现场倾倒的废弃物也大大减少了。基础开挖最小化，并且尽可能减少可能的不必要的现场活动。

（5）由于对材料的应用更加高效，所以在工厂中生产相对于现场作业而言具有可观的经济效益。

（6）主要的施工操作对邻近或相连建筑在环境污染和相关滋扰等方面影响更小。

### 6.5.3 使用中的环境效益

使用中的环境效益主要考虑的是可以经济地在工厂生产中实现的模块化建筑的高性能，主要体现为：

（1）模块间的间隙提供了良好的隔声性能。

（2）通过在轻钢体系中创建一个"保温框架"，可以很容易地达到良好的保温性能。这些建筑可以非常高效的进行保温，从而降低能源消耗和二氧化碳排放量。

（3）由于运输和吊装的要求，模块单元是非常坚固的，因此使用起来会有一种坚实的感受。

（4）所有的轻钢框架结构仅需要少量维护，而且不会因为收缩而需要维修等。

### 6.5.4 再次利用的环境效益

模块化建筑在再次利用方面的优势是：

（1）模块化建筑随着需求的变化可以很容易地扩展（或缩小）。

（2）模块化单元仅需适当的成本即可完全重新定位，可以降低拆除过程中的能量成本，并且没有浪费材料。

（3）降低了长期使用的资源消耗量。

# 7 模块化建筑发展方向

## 7.1 模块化建筑创新

近年来,在模块化建筑这个新兴的领域有几个有特点的项目赋予建筑界以灵感。要想实现模块建筑富有表现力的工程应用,只能从提高建筑界的兴趣入手,让广大的建筑师们参与进来。这种想法越来越受重视,而且经常被各种建筑竞赛中涌现出的建筑创新的实例所鼓舞。

使用模块化单元的高层住宅已经在很多建筑方案中进行了研究,例如图 7-1 中所示的设计方案,本方案中还包括了预制电梯和可拆卸的外立面构件。在汇丰银行项目中,开创性地使用了将模块单元插入到钢骨骼框架中的建筑形式,这个概念很容易就可以扩展到高层住宅建筑中。

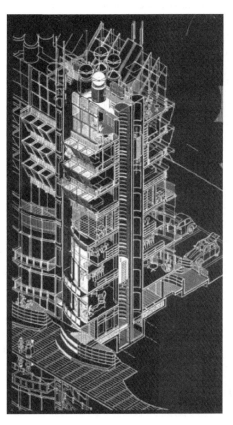

图 7-1 高层建筑中的模块单元

尽管模块化建筑的优势是通过制造来实现的，但是某些技术的应用可以用来增加其对建筑界吸引力，例如模块按计划发出、可延伸的立面组件、阳台和走道等。模块化建筑可以与更传统的建筑形式通过组合方法使得模块的价值最大化，并给予建筑设计更大的发挥空间。建筑师们也渐渐意识到必须"反思建筑"，要更紧密地与制造商和供应链合作，从而更好地整合设计和建设的过程，同时还要通过设计实现良好的建筑品质。模块化建筑创造了反思建筑的很好的机会，并且已经做好了在建筑上应用的准备。

## 7.2 模块化厨卫单元

完整卧室模块由于体积大，运输效率低，因此运输价相对昂贵。由此可以判定小型模块化单元，例如厕所和浴室等更符合成本效益。它们常用于在酒店、医院、宿舍、别墅等建筑中。模块厕所不仅仅可以单独制造，也可以成对进行制造，以方便运输和安装（见图7-2）。设备连接通过一个共用的垂直设备管道完成，剩余的结构部分用轻钢框架建造，从而可以形成一种新的平面建筑体系和模块化建筑体系的混合建筑体系。

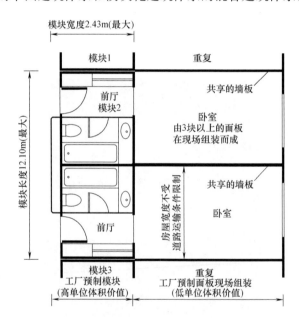

**图7-2 使用模块化浴室和轻钢龙骨板的复合模块建筑**

一般来说，模块化厨卫单元拥有以下优势：

（1）购买容易，私人订制。

对于模块化厨卫来说，客户可以根据自己的需求和喜好，在一定范围内设计和更改厨卫的外形、内饰及设备。同时，由于模块化厨卫为一体制造，因此客户只需要和一家制造商讨论便可以决定整个厨卫的所有细节，而不用再像传统家装一样与多家制造商与供应商进行商议。这将大大节省了客户的时间及装修成本。同时，由于模块化厨卫可以整体运输，也大大节省了偏远地区客户的运输费用。

（2）可以看到成品后再决定是否购买。

对于批量购买同一种或同一类模块化厨卫的客户来说，制造商可以根据客户要求先行制作一个完整样品，经过客户审查及检验后再决定是否进行改进或购买。

（3）质量便于控制

相比现场建造、装修和安装的厨卫，模块化厨卫由于完全在工厂生产线上完成，其质量要更便于控制。

图 7-3 所示是一个典型的模块化浴室，图 7-4 为模块化厕所单元的工厂流水线生产。

图 7-3  模块化浴室单元的细部构造图

图 7-4  模块化浴室单元的工厂流水线生产

厕所和浴室等专项服务单元可以被放置在建筑外侧，通过原有建筑外立面或者通过已经被改造成居住空间的过道安装就位。

## 7.3  模块化屋顶单元

模块化屋顶单元可以进行预制并通过吊装就位，从而减少对下部建筑的影响。但很明显，模块的吊装需要使用具有足够高度和起吊能力的吊车。因此，这种技术最适合于低层和多层建筑。单元通常按跨越承重墙的方式进行设计，一般采用内横墙。楼板构件和横梁需要具有足够的刚度来完成横墙之间的跨越。

在一个改造项目中，一栋 8 层和两栋 4 层的公寓楼通过采用钢墙板的模块单元来创建新的公共空间。图 7-5 所示为其中一个屋顶单元正在被吊装就位。本建筑使用了钢管构件来支撑悬臂屋顶和保护新的屋顶单元周围的走道，并使其建筑外观得到了进一步的增强。

模块化单元由三道横梁支撑，而横梁则由布置在原有承重墙上的钢柱来支撑。屋顶建筑面层采用了在胶合板和保温材料上覆盖不锈钢板的做法。新的屋顶结构的横截面如图 7-6 所示。

(a)　　　　　　　　　　(b)

**图 7-5　应用模块单元进行屋顶扩建工程的起吊**

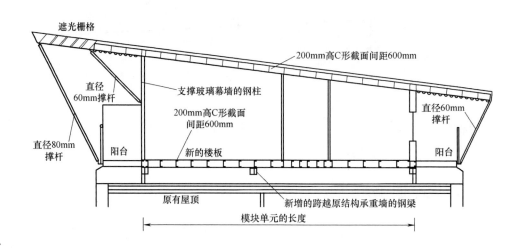

**图 7-6　屋顶设计的横截面**

## 7.4 模块化机房

模块化机房通常会在施工现场对于安装和调试速度要求很高的情况下使用。在受控制的工厂环境下，设备可以安装在模块楼板或者平台上，而墙和楼板则环绕设备布置。由于在工厂操作方便，设备可以通过多次定位靠近设备平台边缘布置。因此，相对于在传统设备用房中的狭小空间而言，模块化机房更容易将设备"聚集"得更紧密，从而达到节省空间的目的。

模块中的设备安装更趋向于细致的操作，其鼓励更高品质的施工，因此也会使设备的运转更为可靠。这些模块通常会放置在建筑的屋顶或周边的位置，而需布置在中间楼层的模块则可以通过滑动就位。同时，在必须进行主体翻新或者设备升级时，模块化机房也可以整体被移除和替换。

这种技术的一种拓展是在办公建筑中的可移动式模块厨房和厕所模块，其可以在办公楼层上随意移动并被连接到总的基础设备管网中。

## 7.5 模块化楼梯和电梯单元

预制楼梯模块很大程度上提高了模块化建筑的建设效率。它们可以被准确的对准和定位，楼梯梯段可以采用钢结构制作完成，也可以在模块安装完成后用混凝土浇筑或者在某些系统中楼梯可以作为预制混凝土构件单元进行安装。开发的类似系统的一个案例如图7-7 和图 7-8 所示。

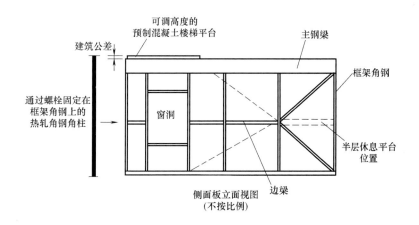

**图 7-7 预制楼梯模块**

通过模块化组件的应用还可以为已有建筑提供新的外部楼梯和电梯，并快速安装完成。还可以提供新的残疾人通道。

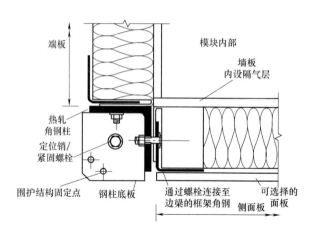

端板

模块内部

墙板
内设隔气层

热轧
角钢柱

定位销/
紧固螺栓

围护结构固定点    钢柱底板

通过螺栓连接至
边梁的框架角钢    侧面板    可选择的
面板

图 7-8    模块楼梯单元之间的连接

## 7.6    复合模块

为了保证运输成本尽可能低，并且提高设计的灵活性，制造商开拓了复合单元（有时也称为"半模块"）的应用，这是一种容易运输的单位体积高价值的模块（例如浴室和厨房）。从工厂运出的成品是高度集成的建筑二维模块，以达到更好的运输效率。运抵施工现场后，在工地上建筑旁边的封闭的组装设施中进行扩展，通过用螺栓将二维模块固定的形式创造更多的使用空间。待内部施工完成后即可得到完整的复合模块，然后用与标准模块相同的方式进行起吊和安装。

尽管这种模块需要技术熟练的工人施工并且需要在现场完成组装，但仅需少量人工即可完成。而对运输成本的大量节省（相对于同样尺寸和规格的工厂预制模块通常超过60%），很容易抵消掉附加的现场作业成本。

要实现此项技术的应用有两个关键问题需要解决：

（1）复合材料。二维模块需使用相对坚固的材料，例如水泥刨花板和钢板等，它们一起可以实现对于刚度和强度相当大的增强，使得在运输、安装和使用的过程中不易损坏。

（2）结构连接和安装节点。由于需要在现场进行二维模块到三维模块的组装过程，因此二维模块之间的结构连接的可靠性和安装的便利性变得非常重要。同时还需要解决二维模块之间拼缝在保温隔热、防水和气密性等方面的要求。

## 7.7    核心筒模块

在 20 世纪 80 年代后期，模块化厕所在英国的大型商业建筑的建设中几乎成为常规做法。建筑师们已经证明模块化厕所和机房（例如汇丰银行总部大楼使用的那种）提供了许多超过传统构造做法的优点。

1989 年，Schindler 有限公司发起了模块化电梯井的开发程序，而第一家一起使用模块化厕所、模块化机房和模块化电梯的公司是 Bovis。他们一起提出了用模块来建造大型办公楼的所有的核心区域的概念。这个概念被合称为"总核心",涉及用模块单元来安装楼梯、机房、电梯井、厕所、茶水间等。

通过使用总核心的方式,使得仅依靠一个安装团队完成一个大型办公楼的核心区域的安装和调试成为可能,并且可以实现三天一层的建设速度。总核心进一步的优势包括提高质量、减小核心筒尺寸和更精确的建造,例如模块化电梯有更严格的公差控制,意味着将比传统方式建造的电梯井减少约5%的平面面积。按总核心概念布置的包含不同模块种类的核心筒的范例如图7-9所示。核心部分也可以根据客户需求的改变,很容易的进行扩展或者修改。

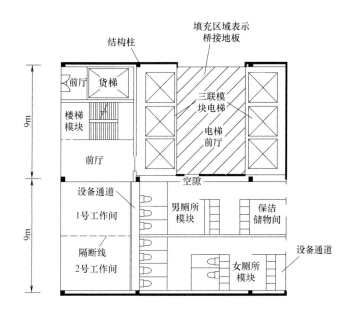

图 7-9　采用"总核心"概念的办公楼服务核心区

## 7.8　既有建筑改造

很多国家在20世纪50~70年代建设了大量的混凝土和砖石建筑中,到如今由于建筑老化以及保温措施的缺失,其运行和维护工作都面临着越来越大的经济负担。据估计,欧盟中共有超过10000栋四层及四层以上的混凝土板房,而这中间很多建筑在未来20年内都需要进行主体改造。

而模块化建筑可以作为这些建筑物全面整修工程中的一部分,对其使用功能进行补充或拓展。这对于模块技术的使用而言是个相当大的机会,具体包括:

（1）扩展建筑物来提供新的厕所和浴室单元。

（2）封闭现有开放式阳台,提供更好的内部环境。

（3）新的封闭楼梯和访客走廊。

（4）屋顶拓展来创建新的公寓或公共空间。

（5）将多余的办公楼改造成公寓楼。

通常情况下，新的模块单元会被用作外包层或者建筑立面更新的一部分，使得原建筑的外立面保温性能得到极大地改善，从而降低建筑物的整体能耗。同时减少了风化或性能退化对于已有建筑的影响。在老旧建筑改造中使用模块技术还可以避免对于那些在整个过程中没有搬出的住户的干扰。如果一些类似的街区采用相同的方式进行改造，模块化建筑的经济性会显著提高。

由于网络购物和网络办公的兴起，对于传统商场和办公楼的需求量降低，导致了大量办公和商业建筑的闲置。当前社会上有一种趋势是将内城区域的多余办公楼和其他类型的建筑改造成公寓楼来提供新的居住空间。在这样的改造工程中，模块建筑体系非常适合用来提供专项服务型组件，例如电梯、楼梯等。新的内墙和外立面一般使用传统的轻钢体系制作，以避免对现有的结构和楼板造成过载的情况。跟采用模块建筑体系新建的高级办公楼做法相同，模块单元可以从外部起吊，并通过滑动到达预定的位置。这项技术在英国已经用于学生公寓的改造。在公寓建筑中，可以将 2～4 个厕所或浴室整合成一个具有公用管道系统较大的模块单元。服务管道通常被安装在模块的底板下方，而不会采用在现有楼板打很多孔的施工方式，其他顶部设备系统也可以提供。这项技术的一个成功案例是在芬兰的一个对废弃水塔的改造项目，改造完成后会作为一个多层的公寓楼使用。新的阳台和外部电梯都已经安装完毕，如图 7-10 所示。

**图 7-10　公寓楼改造项目中正在施工的新阳台和外围护**

轻钢框架结构的模块由于自重轻、保温性能卓越，因此非常适合外包层和屋顶覆盖的建筑改造方案。模块化单元在这个领域应用的技术问题如下：

（1）模块建筑部分的整体稳定性是通过与原有建筑的连接来实现的。因此应该在已有的楼面或柱子上布置足够的支撑点，以避免模块单元的堆叠体出现不稳定的状况。

（2）模块化单元的外围护应该与其他部分建筑物的外围护相容。

（3）在屋顶扩展中使用的模块化单元应该支撑在承重墙上。应注意不要超过现有结构的承载能力。

（4）外部模块单元的基础应该足以避免与现有建筑之间的差异沉降的问题。

（5）高层建筑（10～20 层）的模块单元垂直堆积时，和高处模块相同的低处模块需要加固，避免加固所有模块单元，因为高处的模块可能会过于保守。

这些主体翻新项目的经济性目标是通过以下形式在 30 多年内得到回报：

（1）降低取暖费用。

（2）增加租金（由于更优质的环境和居住空间）。

（3）创造新的销售收入，例如顶层公寓。

## 7.9 标准化

为了能完成高效而且廉价的长距离运输，模块化单元必须与基于 ISO 的集装箱单元的国际运输系统相兼容。通过使用 ISO 集装箱的长度（6.1m 和 12.2m）、宽度（2.43m）和标准角件，模块可以利用现有的国际货运集装箱运输系统来移动。单元的高度可以根据国家公路净空高度标准和/或使用的车辆类型而变化。

一般货车车箱底面板高度为 1.2m，这就要求模块高度尽量不要超过 3m，宽度不超过 2.5m。同时，模块构件完全组装好进行运输，也可以按多个平板包装组合成一个集装箱尺寸单元的形式进行运输。浴室模块可以通过设计，使其尺寸符合船运集装箱内部空间的要求。

# 第 2 篇　全预制混凝土装配建筑

# 8　全预制混凝土装配建筑简介

预制混凝土装配建筑，又称为装配式混凝土建筑。是一种将钢筋混凝土构件在工厂预制后，现场吊装就位，并通过节点将其连接在一起形成的建筑结构体系。

美国混凝土学会（ACI）将其定义为"混凝土不是在最终位置，而是在其他地方浇筑成形"。它包括在建设场地浇筑成形的 Tilt-Up 建筑。

预制混凝土装配建筑通过大量重复生产标准化构件，实现工业化生产方式。这种建造方式可以节约人工和材料、缩短工期、确保质量，并实现绿色建筑。

由于预制混凝土结构在材料、制作、运输、堆放和安装方面与普通混凝土结构不同，因此在设计、施工和验收方面，又有一套独特的方法和体系。

预制混凝土装配结构体系，可分为全预制和部分预制。全预制装配结构体系（Total Precast Systems）是指所有结构构件均采用工厂预制，节点采用湿连接（Wet Connection）或干连接（Dry Connection，即无现浇混凝土或灌浆）方式，在现场装配形成的结构体系。部分预制混凝土装配结构体系，是指部分构件预制、部分构件现浇，或同一构件部分工厂预制、部分现浇叠合，或同一建筑上部预制、下部现浇的方式建造的结构体系。

近年来，我国预制混凝土装配建筑发展很快，出现了各种形式的预制构件和装配节点。特别是对装配式剪力墙结构形式的高层住宅进行了大量实践，积累了一定经验，这些实践大都属于部分预制装配结构体系。我国装配技术采用外挂墙板、叠合楼板、叠合梁、叠合剪力墙，剪力墙水平缝连接采用钢筋套筒灌浆，竖向缝连接采用钢筋混凝土现浇节点，其性能完全等同于现浇混凝土结构。

关于部分预制混凝土装配结构体系，在我国已经有比较多的应用，在此不作介绍。本章重点介绍一种全预制混凝土装配结构体系。

## 8.1　全预制混凝土装配建筑

建筑设计过程需要建筑师和工程师的密切合作，把建筑外墙和结构体系结合在一起时，可以达到节省材料、方便施工、降低造价的目的。设计中考虑梁、柱、承重墙、建筑外墙、楼板、楼梯等建筑和结构构件全部采用工厂预制，节点连接不需要绑扎钢筋、支模和现浇混凝土，这就形成了全预制装配建筑。

全预制混凝土建造技术的主要优势如下：

（1）全预制混凝土建造技术，将成品建筑和结构构件运至现场安装，不受冬季气候影响，可以大大缩短施工周期。与现浇混凝土相比，造价优势明显。

（2）从设计、制造到安装一站式服务，方便项目管理。

（3）初步设计完成后，即可提前安排预制件的生产。

（4）构件生产过程不受气候限制，质量有保障，有良好的耐久性。

（5）建筑外墙有多种颜色、图案和形式，可以代替石材和面砖，实现同样效果，而造价却大大降低。

（6）建筑保温外墙板可以同时作为结构承重墙使用。

（7）良好的建筑保温、隔热、隔声效果。

（8）良好的建筑防火、抗火性能。

（9）采用可拆卸节点连接，能够实现构件的部分或完全重复利用。

（10）预制构件预留孔，便于机电管线布置，预埋件便于设备安装。

（11）预制建筑构件的耐久性、可重复使用性、保温隔热性能、节约材料、当地生产以及减少施工垃圾等优势，对实现绿色建筑（LEED 认证）更加有利。

此外，预制混凝土现场装配不需要大的施工场地，无噪声和污染。特别适用于密集居住区和旧城改造。

全预制混凝土建造技术的主要缺点如下：

（1）预制节点设计和构造对传统设计人员具有较大的挑战。

（2）建造过程应考虑结构稳定性所需要的临时支撑。

（3）接缝较小，造成施工困难。

（4）预制构件一旦投入生产，修改比较困难，对设计质量要求更高。

（5）尺寸或重量大，给运输和安装造成困难。

（6）为满足制作、储运和安装要求，可能需要附加配筋。

（7）结构整体性较差，不适合复杂结构。

图 8-1（a）所示是采用叠合梁、板的部分预制混凝土结构施工现场。图 8-1（b）是全预制混凝土结构施工现场。比较可见，后者在装配化、集成化、绿色建筑和造价方面具有明显优势。因此，全预制装配结构在北美各类建筑，特别是加拿大安大略省的住宅市场得到越来越广泛应用。

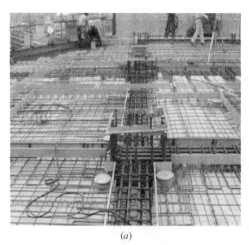

(a)　　　　　　　　　　　　　　(b)

**图 8-1　部分预制和全预制混凝土结构的施工现场比较**

(a) 部分预制混凝土结构（叠合梁、板）；(b) 全预制混凝土结构

图 8-2 所示是加拿大 Kitchener 市正在施工中的一个 14 层全预制混凝土装配住宅。共采用 1290 块预制件和 16908m$^2$ 预制空心板。其中包括 48 根柱子、172 个阳台、1000 多

块墙板，以及 54 块楼梯构件。

图 8-3 所示是加拿大 Oakville 市的一个六层全预制混凝土装配停车库。总建筑面积约 44450m²。预制总重量约 20090t（8850m³）。共计 195 根柱、43 片剪力墙、78 根梁、235 个外墙板和 691 块双 T 板。建筑预制外墙板采用喷砂和外露骨料，用红色颜料，白色水泥，与灰色混凝土搭配，映衬出强烈的视觉效果。

图 8-2　Kitchener 正在施工的 14 层住宅

图 8-3　Oakville 火车站 6 层停车库

预制混凝土外墙板，包括单层混凝土墙或双层混凝土夹心保温墙，可以作为结构构件使用，也可以作为非结构外挂墙板使用。预制建筑外墙几乎可以按建筑设计要求，实现任何形状、颜色和图案。当采用夹心保温外墙时，就可以省去建筑的外装修和保温层。

对单层承重混凝土外墙，结构设计和构造与其他预制混凝土承重墙没有差别。但在建筑构造方面，需要另设保温层。

对双层承重混凝土外墙，根据双层夹心保温墙之间的构造，外墙可以单片墙体受力，也可以双片墙体组合受力。为简化分析和构造，一般采用内侧墙体受力，外侧墙体起到抵抗温度荷载和传递风荷载的作用。

在北美使用预制混凝土外挂墙板已有多年历史，建筑立面效果多种多样。图 8-4 所示是预制混凝土外墙板在高层建筑中的应用。多层办公楼设计时，常将预制混凝土外墙板与玻璃幕墙配合使用，也可以产生优美的立面效果（图 8-5a）。图 8-5b 所示是一个预制住宅的外立面。利用建筑外墙板作为结构构件，能够较好地实现工程的经济性。

图 8-4　高层预制外墙立面

（a）　　　　　　　　　　　（b）

图 8-5　全预制建筑承重外墙立面

（a）办公建筑立面；（b）住宅建筑立面

国外还有一种叫作模块建筑（Modular Building）的全预制装配体系（图 8-6）。它由一个或几个房间大小的预制混凝土盒子组成，预先铺设机电管线并完成厨卫安装，预先完成建筑装修，预先完成家具、门窗后，在现场将盒子一个叠一个，连接装配起来。这种将预制构件、部品部件和设备管线高度集成化的建造方式更加节约人力和时间。它一般适合建造宾馆、小型公寓和监狱等规则单元。

图 8-6　正在施工中的模块建筑

## 8.2　全预制混凝土装配技术在高层建筑中的应用

在北美，全预制混凝土装配结构体系十分成熟。已经形成了比较完备的从设计、制作、存贮、运输到施工、安装、质量控制和项目管理等一整套工业体系。长期以来，全预制混凝土结构体系在各类多层住宅、车库、商业、厂房、办公等建筑中广泛应用。

最近几年来，全预制混凝土装配剪力墙结构体系，开始大量应用于高层住宅建筑。在加拿大安大略省已经建成一些全预制混凝土高层住宅建筑。其中包括 2013 年在 Waterloo 竣工的 25 层 Barrel Yards Tower D 公寓（图 8-7）、2014 年在 Waterloo 竣工的 18 层 MyRez 学生公寓（图 8-8）和 22 层 One Columbia（图 8-9）、2012 年在 Barrie 竣工的 17 层

图 8-7　Barrel Yards Tower D

图 8-8　MyRez 学生公寓

Maple Ave Tower 住宅（图 8-10），以及 2015 年在 Waterloo 建成的 13 层 250 Lester Street 公寓（图 8-11）。

当设计大型综合体建筑时，常常遇到地面以下为地下车库、建筑低层为商业用途、高层为住宅的情况，必须在住宅和商业楼层间设置转换层。这时转换层以下采用现浇混凝土结构体系，而上部采用预制混凝土装配结构体系。图 8-12 所示是在 Waterloo 建造中的 25 层 Phillip Street 公寓，3 层以上为全预制装配结构体系。

图 8-9　One Columbia

图 8-10　Maple Ave Tower

图 8-11　250 Lester Street 公寓

图 8-12　建造中的 Phillip Street 公寓

鉴于全预制装配体系的局限性，它常与现浇混凝土构件或钢构件配合使用，实现更加灵活多样的建筑空间。图 8-13 所示是 2012 年在 Kitchener 竣工的 17 层 315 King Street 公寓；图 8-14 所示是 2010 年在 London 竣工的 15 层 Northcliff Hydepark；图 8-15 所示是 2013 年在 London 建成的 30 层 Renaissance Ⅱ 住宅。它是目前加拿大安大略省建成的最高的预制混凝土建筑。

图 8-13　315 King Street

图 8-14　Northcliff Hydepark

图 8-15　Renaissance Ⅱ

在加拿大安大略省，高层建筑地下室结构也常常采用全预制混凝土装配结构体系。整栋建筑实现除地下室筏板基础现浇外，所有构件均为预制，如图 8-16 所示。

图 8-16　正在施工的某高层地下室结构

在发达国家，由于劳动力成本较高，加上前述全预制装配建造技术的种种优势，使得其造价反而低于现浇混凝土结构的造价。因此，全预制装配建造技术深受市场欢迎。这些高层建筑的成功探索和实践，为全预制混凝土装配结构体系在高层建筑领域的应用，提供了广阔前景。

值得注意的是，这些高层建筑都位于加拿大安大略省抗震烈度较低的区域（罕遇地震地面峰值加速度 $76\mathrm{cm/s^2}$），低于我国的 6 度抗震设防区（罕遇地震地面峰值加速度 $125\mathrm{cm/s^2}$）。

## 8.3　预制混凝土装配结构构件

一个建筑由上部结构和地基基础组成。上部结构由梁、板、墙、柱和楼梯等构件组成。结构设计就是把这些构件按结构原理，组装成最经济、有效的空间受力体系（图 8-17）。

### 8.3.1　梁

梁是支承楼板或其他次梁的水平构件。建筑常用预制梁的形式有矩形梁、L 形梁、倒 T 形梁和工字形梁等（图 8-18）。

根据受力要求，梁内配置普通钢筋和预应力钢筋。先张预应力梁通常是在与双 T 板类似的长线台座上加工制作。普通配筋梁按其尺寸要求制作模板，并浇筑成形。

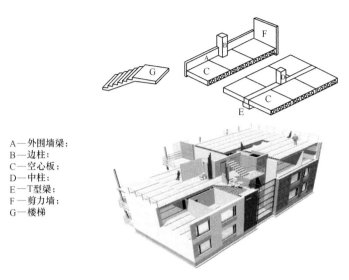

A—外围墙梁；
B—边柱；
C—空心板；
D—中柱；
E—T型梁；
F—剪力墙；
G—楼梯

**图 8-17　常用结构构件及装配建筑**

梁形状、尺寸变化多样，以满足建筑和结构的要求。梁高一般 400～1000mm，梁宽 300～600mm，跨高比为 10～20。

为增强梁、板节点整体性和梁的承载力，常采用叠合梁。

梁的底部和侧面与模板接触，形成光滑、坚硬的清水混凝土表面，可以直接使用。梁的上部可以抹光，也可以进行粗糙处理。粗糙处理的表面用于与上部混凝土叠合。

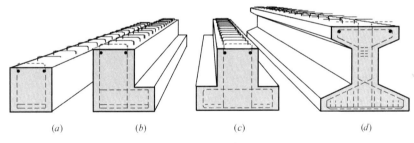

(a)　　　　(b)　　　　(c)　　　　(d)

**图 8-18　梁截面**

## 8.3.2　柱

柱是用来支承梁和外挂板的竖向构件。它通常被设计成 1～6 层楼高。建筑常用预制柱的形式有正方形柱、矩形柱和圆形柱等（图 8-19）。

柱内一般配置钢筋。配筋可以是预应力钢筋，或普通钢筋。柱子是在平面上按其尺寸要求制作模板，并浇筑成形。预制柱在施工现场就位。

柱形状、尺寸变化多样，以满足设计要求。矩形柱横截面一般为 300mm×300mm～600mm×1200mm。

为增强柱的承载力和延性，或减小柱截面尺寸，有时采用型钢混凝土组合柱。

柱的底部和侧面与模板接触，形成光滑、坚硬的清水混凝土表面，可以直接使用。柱的上部抹平压光，其效果尽量与其他三个表面保持一致。

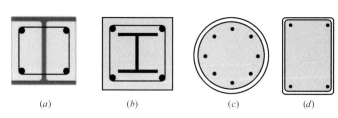

图 8-19 柱截面

### 8.3.3 墙

#### 1. 结构剪力墙

剪力墙作为竖向悬臂梁,传递上部结构与墙面平行的水平力至基础。

墙宽度一般为 4500~9000mm,高度 3000~9000mm,厚度 200~400mm。

墙内配置单层或双层钢筋网。在平面上按其尺寸要求制作模板,并浇筑成形。在施工现场装配就位。

生产线的剪力墙一般是一字形墙。组装后形成 L 形或 T 形等形状。墙身按照设计预留开洞。为提高抗震性能,墙端和洞口周围设置暗柱或暗梁。图 8-20 所示为正在翻板工位下线的剪力墙。

预制装配建筑常采用清水混凝土剪力墙。浇筑时墙底部与模板接触,形成光滑、坚硬的清水混凝土表面。上部抹平压光,其效果尽量与下表面保持一致。

在装修要求较高的建筑中,常常将龙骨石膏板墙固定在预制内墙上,管线可沿龙骨布置。

图 8-20 正在下线的成品剪力墙

#### 2. 建筑外墙

建筑常用预制混凝土外墙的形式主要有实心墙、三文治夹心墙。从受力情况分为承重墙和非承重墙(图 8-21)。

根据建筑需要和是否带保温层,墙宽度一般为 1200~4500mm,高度 2400~15000mm,厚度 125~300mm。

三文治墙由两片混凝土板和中间保温层组成,墙内一般配置钢筋网,三文治夹心墙的两片墙之间有拉接,中间为 25~75mm 保温层(按 $R$ 值确定)。根据拉接两片混凝土板的连接件材料和布置，可以形成组合墙或非组合墙。组合墙按照墙总厚度组合截面计算。非组合墙按两片独立墙分开独立计算。

当三文治非组合墙作为承重墙时，厚度较大的内墙板支承楼面梁、板。厚度较小的外墙板作为建筑饰面。

墙底部与模板的接触面，理论上可以做成任何种类的外饰面层。墙的上部抹平压光，或毛面。对预制实心外墙，当内侧另设保温层时，内表面不需要特别处理。

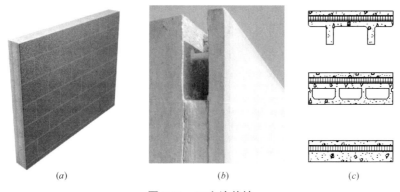

$(a)$　　　　　　　　$(b)$　　　　　　　　$(c)$

图 8-21　三文治外墙

$(a)$ 三文治外墙；$(b)$ 夹心层和拉接；$(c)$ 不同形式外墙

预制混凝土墙在车间专用生产线上制作，生产过程已实现高度自动化。图 8-22 所示为生产车间一角。

图 8-22　预制混凝土墙生产线

## 8.3.4　板

建筑常用预制板的形式有实心板、空心板、双 T 板和 T 形板等（图 8-23），板内一般配置预应力钢筋。

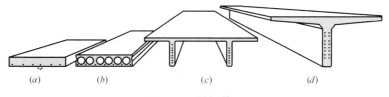

$(a)$　　　　　$(b)$　　　　　$(c)$　　　　　$(d)$

图 8-23　楼板截面

95

**1. 空心板**

主要应用于住宅、酒店、办公楼和学校建筑。

板的宽度一般为 600mm、1200mm、2400mm，高度为 150mm、200mm、250mm、300mm、400mm。楼面板跨高比一般约为 40，屋面板约为 50。

板的加工是在 90～150m 的预应力长线台座设备上挤压成型。根据设计要求，切割成需要的长度。楼板截面中部空心可以节约材料、减轻自重。

预应力空心楼板具有安装周期短、维护成本低、使用寿命长、隔声防火效果好、成本低的优点。预应力空心板允许管线从孔洞穿过，节省空间。

板的底部与模板接触，形成光滑、坚硬的清水混凝土表面，可以直接使用或粉刷。上表面抹光后，可以直接铺地毯。在有整浇层时，表面应进行粗糙处理，以便与上部混凝土紧密叠合。

有些空心板还可以用于建筑外墙。考虑搬运、使用荷载以及起拱影响，空心板外墙采用双层预应力配筋。

**2. 双 T 板**

双 T 板可以预先做好面层，也可以在现场施工面层。带耐磨面层的双 T 板常用于车库建筑。

双 T 板的宽度一般为 2400mm、3000mm、3600mm、4500mm，高度为 600mm、650mm、700mm、750mm、800mm、850mm。跨高比一般为 25～35。

和预制空心板一样，它的加工也是在 90～150m 的预应力长台设备上。

预制板的生产是在自动化程度较高的专用生产线上制作。图 8-24 是预制空心板生产车间一角。

图 8-24 预制空心板生产线

## 8.3.5 楼梯

预制混凝土楼梯是建筑的基本构件之一。它的形式多种多样（图 8-25）。楼梯板厚度一般为 150～250mm。形状为折板楼梯直接支承在墙上，或一字形楼梯支承在平台板上。

此外，建筑中其他构件，如挡土墙、独立基础、桩基础等也可采用预制混凝土技术。

实际工程中，由于很难实现标准化生产，天然基础和地下室结构一般多采用现浇混凝土结构。

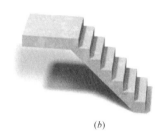

(a)　　　　　　　　　　(b)　　　　　　　　　(c)

**图 8-25　预制楼梯段**

(a) 一字梯段；(b) 折板梯段；(c) 双折梯段

经过多年实践，我国预制桩和预制空心板生产已经有了相当的规模。但在预制剪力墙和三文治墙方面的生产规模相对较小。

## 8.4　Tilt-up 建筑

Tilt-up 建筑就如它的名字，是用吊车将现场水平浇筑的混凝土墙板吊装就位形成的外墙体系。外墙板可以承重，也可以非承重。通常它是与钢结构组成的混合结构体系。它是另一种北美常见的预制混凝土装配结构形式。广泛应用于单层仓库、零售店和多层办公建筑。预制混凝土外墙的形式主要有实心墙和三文治夹心墙两种。根据两片混凝土墙之间的连接构造，三文治墙板可以是组合墙体、部分组合墙体或非组合墙体。实际设计中，由于组合墙体受力和构造比较复杂，一般采用非组合墙体。

对非组合三文治墙板，外墙片厚度一般 50～75mm，保温层厚度 50mm，内墙片厚度不小于 150mm。墙板宽度一般为 2～9m，高度与建筑高度相同。

根据墙板受力情况，按单层或双层配钢筋网。由于墙板在现场制作，不受运输限制，墙板尺寸可以比工厂生产的构件更大。

墙体连接通常采用预埋钢板连接。传统设计中，计算模型按照等效现浇整体混凝土墙考虑。但实际受力时，墙体的连接可能达不到等效整体墙的程度。结构的抗震耗能主要依赖连接件，因此连接设计是关键。当墙之间的连接较弱时，应按非整体混凝土墙模型设计。

这类结构的受力与其他建筑结构有很大不同，结构设计方法也不相同。外墙系统不仅承受轴向荷载和剪力，还承受垂直于平面的水平荷载。即使配置单层钢筋网的墙，也要承受平面外弯曲。因此设计中需要考虑二阶矩效应，并控制墙体的侧向变形。

### 8.4.1　Tilt-up 建筑技术主要优势

(1) 经济性好。在有经验的地区，这种建筑具有更好的经济性。例如在南加州工业建筑市场，Tilt-up 建筑占据了主导地位。

(2) 施工速度快。从打底板、支模，到完成主体结构，一般 4～5 个星期即可实现。

(3) 耐久性好。一些仍然使用的 20 世纪 40 年代的建筑，仅有轻微老化现象。

(4) 耐火性能好。

（5）低维护成本。一般仅需要每隔6～8年做一次粉刷。

（6）低保险费。由于第（4）、（5）条因素，使得房屋保险成本较低。

（7）建筑立面丰富，美观。墙板立面有不同的颜色、图案和形式。

（8）降低耗能成本。三文治外墙具有很好的保温性能。

（9）可拆卸重复使用。墙板安装采用干连接方式，非常方便房屋扩建、改建。拆卸下来的墙板，经设计顾问确认后可重复使用。

## 8.4.2 Tilt-up 缺点

缺少有经验的设计和施工人员；受到施工场地和吊装能力限制；结构整体性需要特别考虑。

## 8.4.3 Tilt-up 建筑外立面的做法

按照造价高低顺序，常用的做法有以下几种：

（1）粉刷涂料。

（2）线条装饰。用纤维板条钉在墙面，形成方形和矩形图案。

（3）用凹纹饰面（Dimple Finish）。以弱化混凝土表面的表现力。

（4）用视觉欺骗（Trompe L'Oeil）技术在二维平面产生三维的效果。

（5）喷砂饰面做法。

（6）模板条纹（Form Liners）饰面。用人造橡胶或塑料板作为模板浇筑混凝土图案。

（7）外露骨料。

（8）嵌入面砖或石材饰面。

这类建筑在北美已经有上百年历史。目前它的规模已占到非住宅建筑的10％左右。今天，施工单位有能力吊装重量60t的墙板，而且一天可以安装30块这样的墙板。

美国 ACI-318 和加拿大 CSA A23.3 对这类建筑的设计均有专门的规定。过去这类建筑常用于单层工业仓库，而且受墙板尺寸和重量限制。但在今天，建造一个4～5层办公楼、高度达到27m的墙板已不稀奇。图8-26所示是正在进行施工的 Tilt-up 多层建筑，图8-27所示是一栋已建成的 Tilt-up 建筑。

*(a)*        *(b)*

**图 8-26　在进行施工的 Tilt-up 多层建筑**

*(a)* 办公建筑；*(b)* 居住建筑

图 8-27　已建成的 Tilt-up 建筑

Tilt-up 建筑的基础一般采用现浇混凝土基础，基础预留埋件，与上部墙体连接。地面一般为现浇配筋混凝土建筑地面（Slab on Grade），既作为永久建筑地面使用，同时又作为混凝土墙板施工和安装的场地。

## 8.5　建筑、结构和设备集成技术

在预制混凝土装配住宅建筑中，完全可以采用建筑和结构预制件、内装修部品部件和管线、设备等装配化集成技术系统（System Building）。各专业子系统密切配合，采用模块化技术设计和制造，在工厂完成装配后，运到工地安装。将建筑地面（包括地热系统、管线系统）和墙面（包括管线系统）与结构构件在工厂一次完成预制，或将内装修部品直接安装在预制构件上，而不需要传统的抹灰和砂浆找平。预制构件考虑管线预理、设备接口和设备固定装置，采用整体系统设备，安装简单方便。为了提高装配化程度，还可以将各种预制构件、装修、门窗、设备和管线组装好后，在现场按建筑单元进行拼装，并一次吊装就位。然后，将各个独立单元的构件和管线按设计要求连接起来，以实现整栋建筑的功能。这种装配化集成技术，大大提高了建筑工业化程度和建筑质量。

一般情况下，无整浇层的楼面在建筑找平后，直接铺设地毯就可以使用。厨房、卫生间可直接铺设防水地面。也可以将厨房、卫生间作为整体单元，在工厂完成结构、装修和设备安装。楼板一般不需要另做吊顶，板底粉刷或平整处理后直接使用。楼板下的空间可以布置机电管线（图 8-28），有的设计还将空心板作为空调通风使用。

预制建筑外墙集成了建筑维护、饰面、机电和结构集成技术，不仅节约造价，而且能够实现低耗能、高品质、长寿命。

建筑设计的模数化、规格化、通用化是建筑装配集成技术的前提。它不仅可以实现工业化生产，还为预制构件、内装修部品部件、门窗、厨卫设备等整合在一起创造了条件。设计过程中，将建筑尺寸模数化、结构构件和连接标准化、设备管道和接口通用化等技术紧密结合起来，做好各专业间的协调与配合，实现预制装配建筑的集成。例如，将标准化、整体式厨房和整体式卫生间直接安装在结构构件上（图 8-29）。设计要求将机电管线集中布置，在厨、卫之间设置管道墙，将管道预先布置在墙内，墙的两侧留出安装接口（图 8-30）。管道墙下面的楼板需要预留洞口，以便管道穿过。

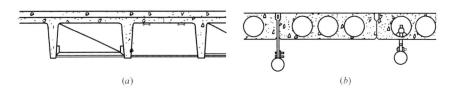

(a)                        (b)

图 8-28 机电管线布置

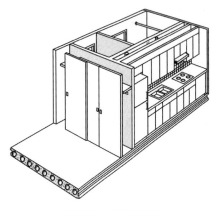

图 8-29 整体厨卫

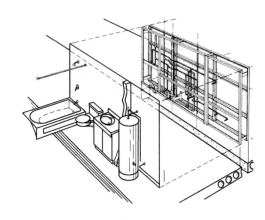

图 8-30 管道墙

BIM 建筑信息化建模是建筑装配集成技术的重要手段，为建筑设计、制作、安装、维护以及各专业协调提供了方便，并有效地避免了设计中的错、漏、碰、缺现象。BIM 的成果可以直接应用于工厂自动化生产系统，从而大大提高生产效率和产品精度。BIM 的成果应用于施工管理，能够减少和避免施工错误导致的返工，提高施工质量。

预制混凝土建造技术要求各专业协调，尽早在设计中解决。特别是建筑装配化集成技术，对各类预制件、建筑部品部件及管线设备的安装精度要求较高。因此，在项目设计中采用 BIM 技术是非常必要的。

# 9 预制混凝土装配结构体系

## 9.1 概述

预制混凝土装配建筑的结构体系与现浇混凝土结构体系类似。常见的装配结构体系包括预制框架结构、有侧向支撑预制框架结构、预制框架-剪力墙结构、预制剪力墙结构、预制框架-筒体结构等。

预制混凝土装配结构体系，包括全预制混凝土结构体系和部分预制混凝土结构体系。预制混凝土构件常与砌体以及钢结构混合使用，形成各种预制混合结构体系。因此，根据设计使用结构材料不同，预制装配建筑的结构体系又可分为混凝土结构体系和混合结构体系。

### 9.1.1 预制混凝土装配结构体系特点

（1）预制混凝土构件基本上都是单跨构件，结构的连续性和整体性通过连接构造实现。

（2）构件的尺寸和形状受到生产、运输、安装限制。

（3）混凝土材料对抵抗风荷载、温度荷载、噪声振动和防火抗火方面都很有利。

（4）经济性是通过重复性实现的。设计应尽量采用标准化重复构件。

（5）设计关键在于结构方案布局和精心考虑的连接设计。

（6）设计必须考虑徐变、收缩和温度变化对结构的影响。

（7）建筑外墙可以用作维护构件，也可以用作承重构件或剪力墙。预制墙板不需二次装饰。

（8）预应力常用于梁、板构件，跨度大、尺寸小，能取得更经济的效果。

### 9.1.2 预制混凝土装配结构关键技术

预制混凝土装配结构的关键技术是连接。通过连接将结构构件有效地连接起来。这些连接应同时满足实际受力要求和最低构造要求。根据美国混凝土规范 ACI-318，预制混凝土结构体系必须满足：

（1）所有构件应与侧向力抵抗系统以及其支承构件连接，侧向力抵抗系统必须贯通至基础。

（2）组成刚性楼盖的楼板间应有连接。刚性楼盖周边和洞口四周应有抗拉连接，在纵向、横向和竖向以及周边应有抗拉连接。这些抗拉连接应能抵抗 16000 英磅（71.17kN）的拉力，且布置在距边缘 4 英尺（1.22m）以内。

（3）柱子的搭接处的名义拉应力应不小于 $200A_g$ 英磅（或 $1.379A_g$ 牛顿）。$A_g$ 是柱子面积，单位平方英寸（或 $mm^2$）。

（4）剪力墙的水平缝连接至少两处。每处连接的拉力应不小于 10000 英磅（44.48kN）。当墙底部拉力不存在时，这些连接可以锚固在配筋的底板中。当墙太窄放不下两个连接时，一个连接也可以，但必须与邻墙有连接。

（5）由预制构件组成的刚性楼盖，预制件和刚性板的连接之间的名义抗拉强度应不小于 300 磅/平方英尺（4.38kN/$m^2$）。

（6）为适应梁中温度和收缩引起的体积应变，支座处的拉结通常设在梁的上部，梁下放置橡胶支座。拉结节点可以焊接、螺栓连接、钢筋灌浆、配筋整浇层或预埋插筋。

（7）不能采用仅靠重力荷载产生的摩擦连接。当很重的模块单元，滑移和倾覆安全系数很大时可能例外。

### 9.1.3 预制装配混凝土结构体系分类

根据连接节点的不同，预制装配混凝土结构体系一般分为两种：
（1）等效现浇混凝土结构体系（Emulation of Cast-in-Place Concrete）。
（2）非等效现浇混凝土结构体系（Non-Emulation of Cast-in-Place Concrete）。

前者整体性和抗震性能都较好。后者是采用延性连接（干连接）的预制结构体系，适合低震区的建筑。

预制混凝土结构体系不等同于现浇混凝土结构体系，只有合理设计并采取必要构造措施后，才可能形成类似现浇混凝土结构的体系。

预制混凝土结构体系中最为关键的构造就是分布在构件内部的抗拉连接。这些连接构造将整体结构联系在一起。典型预制结构体系中的抗拉连接设置如图 9-1 所示。这是一个在楼板层布置联系构件的剪力墙结构体系。

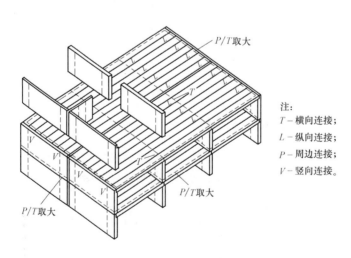

注：
T－横向连接；
L－纵向连接；
P－周边连接；
V－竖向连接。

**图 9-1 典型预制结构体系中的抗拉连接**

在预制混凝土装配体系中，建筑外墙与主体结构之间一般采用柔性连接。建筑外墙不参与结构受力，并能够在温度荷载作用下，自由变形。

## 9.2　预制混凝土装配结构体系

与现浇混凝土结构不同，预制混凝土装配结构有以下特性：

（1）构件通过节点传力。

（2）节点界面的变形对结构适用性产生不利影响。

（3）结构强度取决于节点连接强度和安装精度。

（4）易发生连续倒塌破坏。

根据预制装配建筑的连接形式，结构弹性分析采用以下两种模型：

（1）等效现浇混凝土结构体系，按现浇混凝土结构进行模拟。

（2）非等效现浇混凝土结构体系，按实际情况模拟。

预制混凝土装配结构按施工方法可分为部分预制结构体系、全预制结构体系、预制混合结构体系和 Tilt-up 结构体系。

### 9.2.1　部分预制混凝土装配结构体系

目前我国常用的预制混凝土装配结构体系，本质上是部分预制混凝土结构装配体系。采用叠合楼板、叠合梁、叠合剪力墙、剪力墙竖缝节点现浇混凝土等施工方法。这种现浇混凝土构造满足了结构整体式连接，以及楼板刚性的要求，使得结构分析可以完全等同于现浇混凝土结构，而且具有良好的抗震性能。但由于节点连接构造复杂，现场仍然需要浇筑混凝土，因此，在结构造价方面相比现浇混凝土没有明显的优势。

另一种常用的部分混凝土装配结构体系，是下部楼层采用现浇混凝土结构、上部楼层采用全预制装配结构。这种建造方式适用于功能变化、结构竖向不规则的综合楼，而且对抗震设计是有利的。这种部分预制混凝土结构的抗震耗能区，发生在下部的现浇混凝土结构。因此，可以按照现浇混凝土结构进行抗震验算。

对非抗震高层建筑，地下室结构和上部主体结构均可采用全预制装配结构体系。

### 9.2.2　全预制混凝土装配结构体系

顾名思义，该装配体系不采用现浇混凝土和叠合构件。所有构件在工厂预制，在现场连接装配后形成的结构体系。通过结构连接和构造，满足整体性要求的结构体系，称为装配整体式预制混凝土结构（Monolithic Precast Concrete Structure）。

通常剪力墙的尺寸为一层楼高，墙的长度一般超过墙的高度。墙体一层层叠起来支承楼盖和屋面板。为减少节点，剪力墙和柱子也可以做到几层楼高。

全预制装配结构体系选型要考虑以下因素：

① 建筑平面布置尽量模数化、标准化。

② 根据梁、板跨高比确定楼层高度。

③ 选择合适的连接方式。因为连接方式关系到构件大小和结构受力状态。

④ 确定结构竖向和水平荷载抵抗系统。

⑤ 考虑温度和体积变形。

以下介绍几种常用的预制装配结构体系。

**1. 装配式混凝土刚接框架结构**

这种结构由梁、柱和楼板组成。由梁、柱形成的框架抵抗水平力，梁、柱节点采用刚接。

框架结构在水平力作用下产生受力变形，包括梁、柱弯曲变形和柱的轴向变形。结构抗侧刚度取决于梁、柱截面尺寸。

框架结构具有布置灵活，空间大的特点。广泛应用于多层厂房、办公、商业等项目。缺点是抗震、抗风性能较差，结构整体刚度较小，水平变形较大。特别是高层结构在地震作用下，非结构构件破坏较严重。

图 9-2 所示是单榀预制框架结构示意图，屋面梁与框架柱刚接，以抵抗水平力。

**2. 装配式混凝土重力框架-侧向支撑结构**

当建筑较高或层数较多时，纯框架结构在水平力作用下，柱子二阶矩效应将很大，导致不经济的设计。为了使柱子不承受倾覆力矩，只承担竖向荷载，就需要设置剪力墙或侧向支撑（图 9-3）。

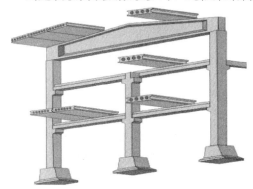

**图 9-2 单榀装配框架结构**

这种体系包括有侧向支撑（钢或混凝土）的预制框架结构和预制框架-剪力墙（或筒体）结构。它的特点是侧向支撑和剪力墙用来抵抗结构水平力和提供侧向刚度，柱子仅承受竖向荷载。框架不作为结构抗震的第二道设防，这就允许把梁作为简支构件进行设计。

提供侧向刚度的构件可以同时作为承重构件。这样构件上的荷载就可以用来平衡在构件底部产生的倾覆力矩。

结构支撑的位置要考虑建筑温度和体积变化对结构的影响。大型厂房侧向支撑系统一般设在结构的中心区域，必要时应设置伸缩缝。

预制混凝土框架-剪力墙（或筒体）是常用的结构体系。在建筑布置上，往往在纵、横两个方向布置适当的剪力墙，以及在电梯间、楼梯间和竖向管道井周围布置剪力墙，形成筒体结构，以抵抗水平力。多年实践证明，用剪力墙作为侧向支撑可以取得很好的经济效果。

预制剪力墙结构平面和竖向布置，应符合现行国家规范和标准的相关规定。剪力墙布置应与建筑要求相结合，在方案阶段就要考虑。在非地震区，按照迎风面大小，在两个方向的剪力墙数量可以不同。但在地震区，则要求在两个方向的剪力墙数量和刚度尽量接近，而且尽量对称布置，使质量中心和刚度中心接近，以减少地震作用产生的扭矩。鉴于全预制装配式混凝土结构连接传力的特点，剪力墙下部不建议出现转换或框支等竖向不规则的情况。

在车库设计中，常将坡道设置在中间，车库外围布置柱子。将纵向剪力墙设置在坡道两侧，在建筑两端布置横向剪力墙或侧向支撑。也可以在坡道两侧纵墙的垂直方向布置横墙，在坡道两侧形成类似双鱼骨剪力墙核心结构。坡道两侧还可以停放大量车位。楼板采用预制双 T 板，能够实现更大跨度。结构构件和节点直接暴露，不需要进行建筑装修。

这种结构形式具有较强的抗震、抗风能力，适合厂房、办公、商业和车库建筑。

我国《行业标准装配式混凝土结构技术规程》JGJ 1—2014，要求采用的框架-剪力墙结构中的剪力墙采用现浇混凝土结构。对全预制装配混凝土框架-剪力墙结构，没有给出具体规定。

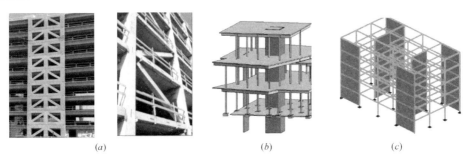

**图 9-3 装配式混凝土框架-侧向支撑结构**
(*a*) 侧向支撑；(*b*) 核心筒；(*c*) 剪力墙

**3. 装配式混凝土剪力墙结构**

这种体系中预制构件由剪力墙和楼板组成（图 9-4）。剪力墙既作为承重构件，又作为抗侧力构件。剪力墙间距取决于楼板跨度，一般情况下可采用 2～3 个开间的跨度，为 6～12m，形成大开间剪力墙结构。

设计预制剪力墙结构体系，应确保剪力墙构件的竖向连续和规则。竖向转换不仅增加楼板平面内受力的复杂性，也不利于剪力墙结构抗震。此外，还应考虑以下基本要求：

（1）至少三片不在一直线上的墙体，组成抗水平力和抗扭系统。

（2）尽量采用承重墙作为剪力墙，有利于抗倾覆控制。

（3）考虑运输和安装能力，并尽量采用独立墙（无竖向缝），减少连接造价。

（4）剪力墙和刚性楼层要有可靠连接。

（5）当倾覆力很大时，采用竖缝连接的组合墙，特别是增加翼缘墙，可提高抗倾覆和减小向上拉力。

剪力墙结构形式抗震、抗风能力都很强。结构整体刚度大，水平变形小，尤其适合高层住宅建筑。

世界范围内的大量实践证明，预制剪力墙结构有很好的抗震性能。震害经验表明，问题一般出在节点的延性较差引起局部脆性破坏（例如锚固不足）；或出在传力途径（例如刚性板）连接破坏。

预制剪力墙结构平面和竖向布置应符合现行国家规范和标准的相关规定。在预制剪力墙结构平面横向墙体布置时，两侧端部山墙宜布置预制承重墙；内墙可根据结构抗侧力需要设置预制承重墙。

考虑剪力墙结构具有刚度大的特点，而预应力空心楼板又能够获得较大的跨度，因此，与现浇混凝土结构不同，预制混凝土结构住宅建筑承重墙间距一般可以用到 12m。同时，采用大的跨度又能够大大减少造价。

这种结构形式常用于住宅建筑，采用的预制构件主要是墙和楼板。

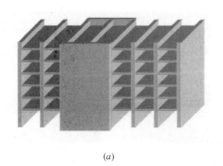

(a)　　　　　　　　　　　　　　　　(b)

图 9-4　装配式剪力墙结构
(a) 模型；(b) 实例

一般预制剪力墙结构都是宽剪力墙结构。它是指预制混凝土墙的横向尺寸（宽度）大于竖向尺寸（层高）。根据美国预制混凝土学会（PCI）设计手册，当三层以上建筑采用宽剪力墙结构时，除满足计算要求外，还应满足以下最低受力要求（图 9-5）：

T1- 沿楼板跨度。按 1500 磅/英尺（21.89kN/m）计算的名义抗拉强度。抗拉连接可以设在楼层或墙内（楼板上下 2 英尺（0.61m）内），间距不超过剪力墙之间的距离。

T2-满足刚性板需要，且不小于 16，000 磅（71.17kN）的名义抗拉强度。抗拉连接设在楼层板、距离楼盖边缘不大于 4 英尺（1.22m）。它可以是与楼面锚固的灌浆缝内的钢筋、边梁、墙梁或剪力墙。

T3-沿墙长度方向。按不小于 1500 磅/英尺（21.89kN/m）计算的名义抗拉强度。抗拉连接的间距不大于 10 英尺（3.05m）。联系构件可以凸出预制件或埋在灌浆缝内，应有足够的锚固长度和保护层。在墙的两端，墙配筋应伸入楼板内，或与楼板机械连接。

T4-沿墙长度方向。按不小于 3000 磅/英尺（43.78kN/m）计算的名义抗拉强度。每片墙抗拉连接不少于两个，并且连续贯通至基础。

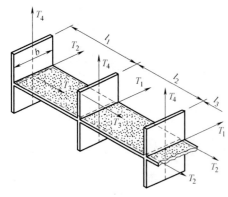

图 9-5　剪力墙结构的抗拉连接

加拿大混凝土规范 CSA A23.3 对三层以上剪力墙结构具体规定为：

（1）结构在楼面和屋面纵向、横向抗拉连接的设计抗力不小于按 14kN/m 与宽度或长度的乘积。联系路径应设置于内墙支座上和外墙支座处，距离楼盖平面不大于 600mm。

（2）平行于楼板跨度方向连接的间距不应大于 3000mm。垂直于楼板跨度方向连接的间距不应大于剪力墙的间距。

（3）距离边缘不大于 1500mm 的楼层周边抗拉连接，抗拉设计值不小于 60kN。

（4）至少两个竖向抗拉连接应在每一片墙、沿全高设置。竖向连接的设计抗力不小于 40kN/m 与墙长度的乘积。

虽然美、加规范在具体数据上有所差异，但对预制剪力墙结构通过抗拉连接，以满足结构的整体性要求是一致的。

## 9.2.3　Tilt-up 装配结构体系

这是一种预制剪力墙与钢结构屋面组成的混合结构体系。剪力墙既是抵抗水平力和竖向荷载的结构构件，同时又是建筑维护外墙。墙板间仅在竖向连接，在水平方向不设连接，所以它的高度也较大。

三文治墙板是常见的外墙做法。制作需要在混凝土墙之间铺设保温板和安装特殊材料制作的连接件。施工要严格按照连接件供应商的说明和要求。采用三文治墙板承重的Tilt-up 装配结构体系如图 9-6 所示。

(a)

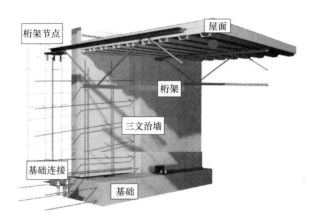

(b)

**图 9-6　三文治墙板装配体系**

（a）墙板制作；（b）装配结构体系

它的施工步骤如图 9-7 所示。

第一步：外墙板制作

第二步：外墙板起吊

第三步：外墙板就位

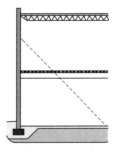

第四步：完成与楼、屋面连接

**图 9-7　Tilt-up 装配建筑的施工步骤**

结构体系需要解决以下问题：

（1）外部混凝土墙板（建筑）高度、尺寸。

（2）内部的框架体系。

（3）墙板的连接。

（4）屋面水平支撑或刚性楼盖。

这个结构体系在设计时，需要将整片墙划分成多片墙，墙片划分的原则如下：

（1）综合考虑面积、重量、尺寸。墙体一般比地面低 300mm。

（2）避免用作过梁的墙板长度过大（超过 12m）。

（3）考虑是否有梁压在墙上。

（4）洞口之间以及洞口与墙边留出足够长度。一般不小于 0.6m。控制洞口边墙肢高宽比不大于 4。

虽然美国和加拿大混凝土规范对这种结构的设计均有详细的规定，但在使用荷载下的变形和抗震设计方面仍然需要进一步完善。此外，实际设计中往往对结构的水平抗力和稳定性关注不够。

典型 Tilt-up 装配式单层仓库建筑的结构体系如图 9-8 所示。需要指出的是，这类结构体系不适用于高层建筑。

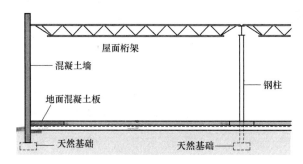

**图 9-8　Tilt-up 单层装配房屋结构**

## 9.2.4　预制混凝土装配混合结构体系

### 1. 砌体混合结构体系

常见的混合结构体系，即采用配筋空心砌块墙体（楼、电梯间）作为抵抗水平力的构件，将预制混凝土楼板支承在砌体墙之上（图 9-9）。由于结构布置了砌体剪力墙，柱子仅承担竖向荷载。对梁、柱构件和节点的抗震要求就可以大大降低，从而节省造价。相对于预制混凝土墙，砌体抗剪、抗压承载力较低，抗震性能也较差。

在北美地区，这种体系被广泛应用于住宅、学校和办公等建筑。我国对抗震配筋砌体建筑也已经积累相当丰富的实践经验，制定了一些规范和标准。但在构件标准化、工业化以及使用的广泛性方面，与北美相比还有一些差距。

### 2. 钢-混凝土混合结构体系

预制混凝土构件和钢结构梁、柱、支撑等配合使用，可以创造出十分高效的混合结构形式。所有构件均在工厂加工和预制，不需要现场浇筑混凝土，属于全预制混合结构装配体系。

这种混合装配体系，采用预制混凝土剪力墙和空心楼板，梁、柱、楼梯均可采用钢结

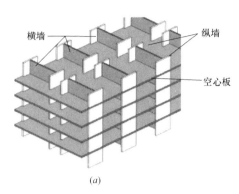
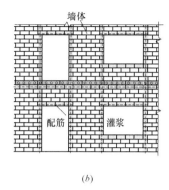

*(a)*            *(b)*

**图 9-9　砌体结构及墙体配筋构造**

（*a*）砌体结构；（*b*）外墙构造

构。钢结构的特点是轻质高强，抗震性能好，安装方便。图 9-10 所示为一正在施工的钢-混凝土混合结构建筑。

### 9.2.5　预制混凝土装配结构抗震要求

根据我国抗震规范，预制装配混凝土抗震结构体系应符合下列要求：

（1）应具有明确的、简洁的地震作用传递途径。

（2）应避免因部分结构和构件破坏而导致整个结构丧失抗震能力或承载力。

（3）应具有必要的抗震承载力，良好的变形和耗能能力。

**图 9-10　钢-混凝土混合结构装配体系**

（4）宜有多道抗震防线，合理的刚度和承载力分布，避免应力和变形集中。

（5）各种抗震支撑系统应保证结构地震作用下的整体性和稳定性。

（6）对可能的薄弱部位，应采取措施提高抗震能力。

美国混凝土规范 ACI-318 对预制框架结构分为三类，即普通预制框架、中等预制框架和特殊预制框架。对预制剪力墙也分为三类，即普通预制剪力墙、中等预制剪力墙和特殊预制剪力墙。普通、中等和特殊是指对构件和节点抗震构造要求逐渐加强。普通预制剪力墙不考虑抗震构造，中等预制剪力墙具有不小于相应现浇混凝土普通剪力墙的强度和延性，节点设计强度应不小于 150% 计算值，特殊剪力墙对构造和节点抗震要求最高。设计时应根据结构抗震设计分类等级，采取相应延性耗能的框架或剪力墙类别。还应遵守该规范对不同变形能力的预制框架和预制剪力墙构件之间的节点和连接的具体规定。

根据抗震设防烈度和建筑设计要求，除了低烈度区抗震设计类别 A、B 外，各类预制框架和剪力墙适用的范围按以下采用：

（1）对抗震设计类别 C（普通建筑 MMI Ⅶ度）的预制抗震结构体系，必须采用中等预制框架或特殊预制框架，或中等预制结构墙或特殊预制结构墙。

（2）对抗震设计类别 D（普通建筑 MMI Ⅷ度）的预制抗震结构体系，必须采用特殊预制框架，或中等预制结构墙（最高 12m）或特殊预制结构墙。

（3）对抗震设计类别 E、F（普通建筑活跃断层几公里内 MMI Ⅸ 度以上）的预制抗震结构体系，必须采用特殊预制框架或特殊预制结构墙。

美国规范 ASCE7 对抗震结构体系的划分比较细致。表 9-1 是常用抗震结构体系（剪力墙、重力框架-剪力墙/支撑）的设计系数取值。考虑了横向和纵向基本抗震体系以及它们的组合，同时还考虑了抗震构件的类型。结构体系的选取还应考虑建筑的设计分类和高度限制。表中的结构地震反应修正系数 $R$、抗震体系超强系数 $\Omega_0$ 和位移放大系数 $C_d$，用来确定基底剪力、构件设计内力和楼层位移。

预制装配结构中，除了采用剪力墙作为抗震构件外，还常用钢结构支撑框架作为抗震构件。这些抗侧力构件与框架形成重力框架-剪力墙/支撑体系或双重抗震体系，重力框架-剪力墙/支撑体系是框架提供竖向荷载支承，地震抗力由剪力墙和支撑提供。双重抗震体系是框架提供竖向荷载支承，地震抗力由剪力墙和框架共同提供。支撑框架包括中心支撑框架（支撑框架的构件主要承受轴向力，包括普通中心支撑框架和特殊中心支撑框架）和偏心支撑框架（对角支撑在梁上有段距离）。

同一建筑在不同方向允许采用不同抗震体系，即使同一方向也允许采用不同抗震体系。设计参数按保守取值。

常见结构体系设计参数取值（摘自 ASCE7）　　　表 9-1

| 抗震结构体系 | 地震反应修正系数 $R$ | 抗震体系超强系数 $\Omega_0$ | 位移放大系数 $C_d$ |
|---|---|---|---|
| 剪力墙体系 | | | |
| 特殊钢筋混凝土剪力墙 | 5 | 2.5 | 5 |
| 普通钢筋混凝土剪力墙 | 4 | 2.5 | 4 |
| 中等预制混凝土剪力墙 | 4 | 2.5 | 4 |
| 普通预制混凝土剪力墙 | 3 | 2.5 | 3 |
| 普通配筋砌体剪力墙 | 2 | 2.5 | 1.75 |
| 无配筋砌体剪力墙 | 1.5 | 2.5 | 1.25 |
| 重力框架-剪力墙/支撑体系 | | | |
| 钢结构偏心支撑-非抗弯框架 | 7 | 2 | 4 |
| 特殊钢结构中心支撑框架 | 6 | 2 | 5 |
| 普通钢结构中心支撑框架 | 5 | 2 | 4.5 |
| 特殊钢筋混凝土剪力墙 | 6 | 2.5 | 5 |
| 普通钢筋混凝土剪力墙 | 5 | 2.5 | 4.5 |
| 中等预制混凝土剪力墙 | 5 | 2.5 | 4.5 |
| 普通预制混凝土剪力墙 | 4 | 2.5 | 4 |
| 组合钢混结构偏心支撑框架 | 8 | 2 | 4 |
| 组合钢混结构中心支撑框架 | 5 | 2 | 4.5 |
| 普通组合钢混结构支撑框架 | 3 | 2 | 3 |
| 带钢构件的特殊混凝土剪力墙 | 6 | 2.5 | 5 |
| 带钢构件的普通混凝土剪力墙 | 5 | 2.5 | 4.5 |
| 普通配筋砌体剪力墙 | 2.5 | 2.5 | 2.25 |
| 无配筋砌体剪力墙 | 1.5 | 2.5 | 1.25 |

与 ASCE7 不同，我国现行的建筑抗震设计规范按承载力进行验算时，结构影响系数与结构类型无关，与结构周期、延性、阻尼等性质无关。抗震规范对现浇混凝土构件抗震

设计要求和构造措施已经非常明确，可以作为预制构件的设计依据。规范对预制混凝土节点抗震设计提出了节点强于构件、锚固强于连接的原则。通过连接的承载力来发挥各构件的承载力、变形能力，从而获得整个结构良好的抗震性能。我国行业标准《装配式混凝土结构技术规程》JGJ 1—2014，针对现浇混凝土节点构造的丙类装配整体式结构，按照结构类型、烈度、高度等，确定构件抗震等级，以及计算和构造措施要求。然而，我国规范既没有给出针对非现浇节点构造的全预制装配结构构件设计抗震等级，也没有给出相对应的节点和连接构造方面的具体要求。

值得注意的是，表 9-1 给出了以预制混凝土剪力墙（中等和普通两种构造）作为抗震构件的设计参数。可以看出，预制混凝土剪力墙地震反应修正系数取值略低于同类结构现浇混凝土剪力墙。

加拿大混凝土规范 CSA A23.3 对预制混凝土延性框架、延性剪力墙和中等延性剪力墙结构，按等同于现浇混凝土结构的抗震性能考虑，并有如下规定：

（1）预制延性框架（$R=4.0$）。除满足现浇延性框架的抗震要求外，还要满足：①强剪弱弯。即连接的设计抗剪承载力不小于计算值的 150%；②梁的机械连接在距离节点 1/2 梁高度以外；③强连接。即梁连接的设计承载力不小于构件可能的屈服强度，柱子的连接设计承载力不小于构件可能屈服强度的 140%。

（2）预制延性剪力墙（$R=3.5$ 或 4.0）。除满足现浇延性剪力墙的抗震要求外，还要满足强连接要求。

（3）预制中等延性剪力墙（$R=2.0$）。除满足现浇中等延性剪力墙的抗震要求外，屈服位置仅限于发生在钢结构和钢筋。设计不屈服的节点连接构件，其设计强度不小于屈服构件设计屈服强度的 150%。

无论美国还是加拿大混凝土规范，在预制混凝土结构抗震方面，都考虑了预制构件的抗震延性和节点连接的抗震要求。

## 9.3 预制混凝土装配结构楼盖系统

### 9.3.1 预制混凝土装配结构楼盖

刚性楼盖系统不仅传递竖向荷载，还传递水平力到抗侧向力系统。同时，它还对竖向构件提供水平支撑。

多数情况下，预制装配楼盖系统比较简单。可以用支承在抗侧力构件上的连续水平深梁模型模拟，或采用拉压杆模型模拟。有时会遇到侧向支撑系统间距过大、楼板开洞较大或不连续、扭转过大，甚至是侧向支撑间断等特殊情况，不仅造成楼板连接构造困难，有时会超出楼板系统的承载力范围。一般情况下，预制剪力墙结构的顶层、平面复杂或开洞过大的楼层、侧向支撑间断的楼层、作为上部结构嵌固部位的地下室顶板，这些位置的楼盖受力比较复杂，应采用现浇或叠合楼盖结构。

楼盖是刚性板还是柔性板取决于很多因素。包括跨度、长宽比和楼板间缝隙灌浆及连接等。刚性板是当楼板变形相对于层间位移较小时，即使抗侧力系统的刚度相差很大，楼板仍能够将内力传递到板内任何位置，剪力仍能够按抗侧力构件刚度分配。柔性板是当楼板变形大于楼层平均位移的两倍时,楼层剪力不再按照侧向支撑系统的刚度分配剪力,而是按照其上部面积分配。

预制混凝土装配建筑的楼盖一般按刚性板设计。美国混凝土规范 ACI-318 对预应力和非预应力刚性板设计有如下条款:

(1) 现浇混凝土楼板。

(2) 叠合预制混凝土楼板。

(3) 由整浇层或梁形成的边缘构件的预制混凝土楼板。

(4) 没有整浇层,但相互连接的预制混凝土楼板。

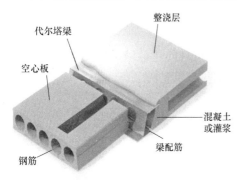

**图 9-11 楼盖平面内代尔塔梁的构造**

除了现浇混凝土板,上述条款还提出了对预制板,通过不同的构造和连接方式,实现刚性板的要求。

预制混凝土装配建筑中,当采用预制混凝土梁支承楼板时,梁常常暴露在板底以下,这是用户不愿意看到的情况。当建筑要求板底平整时,隐藏在楼盖平面内的代尔塔梁(Delta Beam)可以实现这个要求。它是芬兰 PEIKKO 公司的专利产品,典型的梁板节点连接如图 9-11 所示。

常用预制建筑楼盖系统,包括预制预应力空心板和双 T 板。预应力可以保持混凝土受压,减少开裂,并提高楼板承载力。

预制空心板的尺寸、配筋、材料、承载力各不相同,使用时按照有关标准图集选取,并与当地生产厂家进行协调。

无整浇层预制楼板槽口缝隙灌浆,不仅传递剪力(PCI 建议保守采用 80 磅/平方英尺(0.55MPa),还能够扩散集中荷载(图 9-12)。为提高板与梁、墙的整体性和抗剪能力,板缝节点处一般放置抗剪连接。

预制楼板翼缘连接件不仅传递剪力,还调节板间不同变形,如图 9-13 所示。

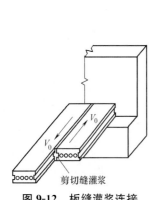

**图 9-12 板缝灌浆连接**

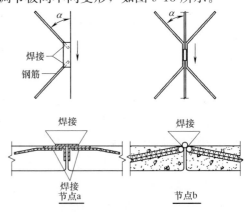

**图 9-13 翼缘连接件示意图**

以上两种无整浇层连接,需要在楼盖周边设置抗拉连接构件,以抵抗楼板平面内的弯曲拉力。

叠合板的预制构件包括预制空心板、实心板和钢筋桁架板等。钢筋混凝土整浇层可以传递楼板平面内剪力。但仍然需要在楼盖周边配置连续抗拉钢筋，以抵抗楼板平面内的弯曲拉力。整浇层和预制板形成组合楼板，不仅满足楼层平面内刚度要求，还提高了楼板承载力和刚度。

预应力空心板广泛应用于各类建筑楼盖，但也受到一些限制，主要有：

（1）一般不用于悬臂构件。这是其受力特点决定的。

（2）不能直接暴露在室外潮湿冰冻的环境。这是因为干硬混凝土含气量低，抗冻性差。室外使用时需要在板上铺设混凝土整浇层。

（3）未经设计批准不得随意切断钢筋和开洞。对于直径大于150mm的开洞，要在图纸上注明。

（4）线性支座处楼板支承长度与板宽相同。荷载较大处，不得采用点支承或部分支承。这是因为预制空心板是单向受力构件。

由于板内预应力的存在，楼板会产生起拱现象。设计中要考虑板缝连接处，楼板间不同变形带来的不利影响。

## 9.3.2 预制混凝土装配楼盖抗震要求

楼盖系统作为抗震结构体系的重要组成部分，应具备良好的整体性，能够有效地将地震作用传递给抗侧力构件。构件的整体性应满足刚性板要求，即地震作用下，楼盖系统平面内不发生大的变形和破坏。

我国抗震规范对多、高层建筑的装配式楼盖，要求应从楼盖体系和构造上采取措施，确保预制板之间连接的整体性。规范没有说明具体采取的措施。

一般认为抗震结构的预制装配楼盖系统，应通过后浇混凝土整浇层满足整体性和平面内刚性假定。对于抗震建筑，我国现行行业标准《装配式混凝土结构技术规程》JGJ 1—2014建议，在预制楼板上铺设厚度不小于60mm的混凝土结构整浇叠合层；对板厚大于180mm的叠合板，宜采用混凝土空心板。

预制空心板被设计和制作成独立的、单向的、简支的单跨构件。当并排的楼板在板缝处连接灌浆或上铺整浇层（可以形成组合楼板或非组合楼板）后，这些连接起来的独立楼板与整浇楼板具有相似的性能，并允许集中荷载向两侧的楼板传递。

合理设计的楼面系统，包括预制空心楼板间灌浆和设置楼层板边缘拉接构件、配筋整浇层，可以满足楼层平面内刚性的假定。通过合理构造满足楼面系统的整体性，大大简化楼层水平力在抗侧力构件间的分配。

预制楼板之间的板缝在与墙、柱、梁相交位置，配置构造钢筋，以加强节点的整体性和传递构件内力。配筋要有足够的锚固长度，不仅满足传力要求，还应满足在罕遇地震时，楼板不发生掉落。

对重要建筑，为保证楼面结构系统在中、大震时，仍然能够有效地传递水平地震作用，楼面结构系统可以在结构抗震体系屈服后，仍基本保持弹性或不屈服状态进行设计。实际工程中由于楼盖尺寸较大，而楼板平面内地震作用较小，一般建筑楼盖都比较容易通过配筋和构造，实现这个设防性能目标。

没有整浇层的预制楼板，整体性和刚度都较差，仅适用于低烈度普通建筑的抗震设计。

# 10 预制混凝土装配结构连接

## 10.1 预制装配结构的连接概念

预制装配混凝土结构技术，不是仅仅将现浇混凝土结构构件转化为预制构件，并在现场装配起来，从而达到类似现浇混凝土结构的效果。它需要有相当经验的技术人员，将结构布置、结构体系，以及连接构造有效地结合起来，以达到预期的结构性能。

首先需要澄清连接和节点两个不同概念。节点是两个和多个构件的交汇部位，可以传递拉力、压力、剪力和弯矩。连接是一个组件，包括一个或多个传力节点（交汇部位）。因此，连接设计包含构件设计和构件间传力节点设计。连接节点包括预埋件和连接件。连接件通过预埋件将多个构件连接在一起。因此，节点设计包含预埋件设计和连接件设计。例如，常见的预制构件梁、柱节点，梁搁置在柱牛腿上，梁底部区域是抗压节点，梁顶部区域则为拉、剪节点（图 10-1a）。

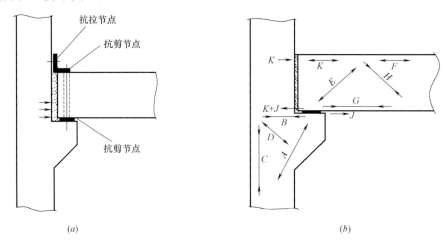

**图 10-1  梁柱连接和构件内力**

（a）梁与柱连接和节点；（b）连接设计的构件内力

连接是用来传递内力的。为了合理设计连接，就必须弄清楚构件内的受力。图 10-1 (b) 所示是梁、柱在连接处 10 个不同的力的矢量。当图 10-1 (a) 中梁上部角钢取消后，支座就成了铰接。节点只剩下一个承压节点，梁端和柱端的受力状态也改变了。显然，这种节点更适用于装配混凝土结构。

预制混凝土结构构件之间的连接方式有很多种。根据不同的结构体系，按构件之间的关系划分为：

（1）框架结构体系：梁-柱连接、梁-梁连接、柱-柱连接和柱-基连接。

（2）剪力墙结构体系：墙-墙竖向缝连接、墙-墙水平缝连接和墙-基水平缝连接。

（3）楼盖结构体系：板-板长边连接、板-边缘构件长边连接、板-内支承构件连接和板-外支承构件连接。

节点连接的材料包括钢筋、栓钉、螺杆、螺栓、线圈插件，以及各种型钢和钢板等。它们通过在混凝土中锚固传递荷载，并以连接钢板的延性屈服作为连接破坏模式。对于有抗震要求的连接，还应满足规范的抗震要求。

常用节点方式包括：1）灌浆节点；2）钢筋套筒灌浆节点；3）螺栓节点；4）焊接节点；5）支座承压节点等。

结构设计应确保每种连接能够按照预定的方式传递内力，并确保结构的整体性。图10-2 是框架结构的几种常用节点连接形式。

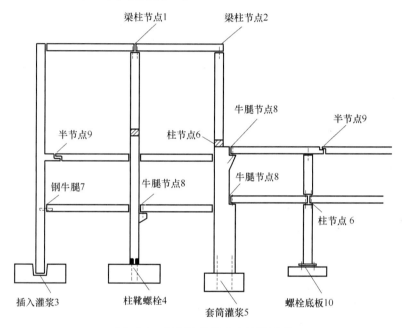

**图 10-2　框架结构的节点连接形式**

节点设计决定结构的受力体系。例如图 10-1（b）节点可以设计为刚接或铰接。理论上讲，没有绝对的刚接和铰接，所有连接都介于二者之间。但为了计算方便，Elliott 等人对部分节点进行了研究，并给出了如何满足刚接或铰接的构造。常用预制框架结构节点连接构造见表 10-1。节点构造形式有多种多样，不是唯一的。

预制框架结构节点连接种类　　　　　　　　　　　　　　表 10-1

| 连　接　编　号 | 种　　类 | 构　　造 |
| --- | --- | --- |
| 梁柱节点 1 | 铰接 | 插筋 |
| 梁柱节点 2 | 刚接 | 插筋+连续负筋 |
| 插入灌浆 3 | 铰接<br>刚接 | 埋入浅<br>埋入深 |
| 柱靴螺栓 4 | 刚接<br>铰接 | 锚栓（成对）<br>锚栓 |

续表

| 连 接 编 号 | 种　　类 | 构　　造 |
|---|---|---|
| 套筒灌浆 5 | 刚接 | 钢筋搭接 |
| 柱节点 6 | 铰接<br>刚接 | 螺栓/插筋<br>钢筋套筒灌浆（成对）/螺纹连接器/<br>钢靴 |
| 钢牛腿 7 | 铰接 | 螺栓/焊接板 |
| 牛腿节点 8 | 铰接<br>刚接 | 插筋<br>插筋＋顶部负筋 |
| 半节点 9 | 铰接 | 螺栓/插筋 |
| 螺栓底板 10 | 铰接 | 螺栓 |
| 板梁节点 | 铰接 | 拉接筋 |
| 板墙节点 | 铰接 | 拉接筋 |

注：表中节点板连接编号为图 10-2 中编号。

按照施工方式，连接主要分为以下两种：

（1）湿连接（Wet Connection）：等效整浇连接。钢筋连接后，浇筑混凝土，形成等效现浇结构的整体连接。

（2）干连接（Dry Connection）：一般由型钢、钢板、锚固件通过焊接或螺栓连接。现场不浇筑混凝土。

抗震设计中，对结构墙、柱竖向构件的水平缝处要求所有钢筋上下拉通。一般用不小于 150％屈服强度的机械套筒连接，并灌浆处理。也可以采用钢结构连接实现：要求连接件强度不小于所连接钢筋总屈服强度的 150％。对剪力墙间的竖缝、建筑外墙与主体结构连接，采用干连接较多。

根据构件在节点处的传力要求，连接的构造也不相同。一般常用的结构连接计算模型分为可滑动节点、铰接和刚接。可滑动节点只传递梁、板构件剪力。铰接节点除传递构件剪力外，还传递轴向力。刚接节点除了传递构件轴力和剪力外，还传递弯矩和扭矩。

在长期的工程实践中，针对不同的项目要求，每个预制构件生产企业都形成了自己的技术标准和节点构造详图。设计人员可参考预制企业的标准和详图进行设计。对一些特殊连接构造要求，需要设计和预制技术人员双方共同提出解决方案。

关于各种各样的连接和构造，可以参考美国预制混凝土学会（PCI）、欧洲国际结构混凝土学会（fib）出版的相关文献。

以下是常用的预制结构构件之间的连接示意，以便对预制构件的连接有初步认识。本章内容通过对少数连接做法进行介绍，使读者对各种节点构造有初步了解，但不能作为标准构造来使用。

## 10.2　装配整体式连接构造

常规结构抗震设计应满足"强节点，弱构件"的设计原则。这就要求构件之间的连接必须满足结构整体性要求，即保证结构各个部分在地震作用下协调工作。抗震构件在地震作用下产生耗能屈服，而节点不发生破坏。

## 10.2.1 楼面板之间连接

两端剪力墙承重结构，在水平力作用下，楼盖受力如图 10-3（a）所示，楼面板之间的连接应确保楼盖按设计的路径传力，如图 10-3（b）所示。

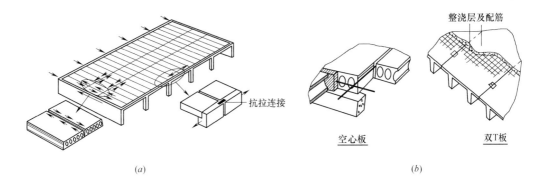

(a)                                    (b)

**图 10-3 楼盖传力途径与楼板构造**

（a）楼盖内力分布；（b）楼板配筋连接

（1）钢筋混凝土整浇层楼盖（图 10-4）

在预制空心楼板上铺设钢筋混凝土层（图 10-4）。混凝土叠合层与预制板形成组合楼板，可以提高楼板的承载力、整体性和刚度。楼盖整浇层一般单层配置钢筋网，厚度不宜小于 50mm。

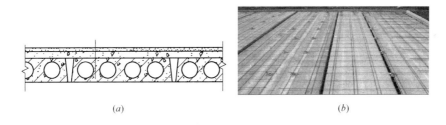

(a)                                    (b)

**图 10-4 楼面板整浇层连接**

（a）剖面；（b）平面

（2）无混凝土整浇层楼盖

无钢筋混凝土整浇层的预制楼盖，应设置楼板之间的抗剪连接，并对板缝进行灌浆（图 10-5）。

板缝灌浆前，应清除杂物、凿毛，清洗干净，保证剪切摩擦系数达到 1.0。板缝灌浆节点在收缩、徐变、温度以及水平力作用下，是带裂缝工作的，因此设计抗剪承载力应按照开裂面考虑。这种连接方式整体性较差，适用于低烈度或非抗震建筑。

## 10.2.2 楼面板与梁连接

（1）楼板与钢筋混凝土梁连接（图 10-6）

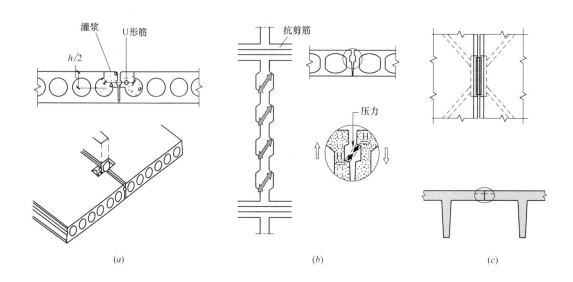

**图 10-5　无整浇层楼板连接**

（a）空心板拉结；（b）空心板灌浆；（c）双 T 板焊接

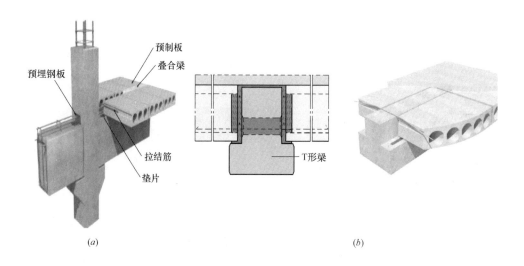

**图 10-6　楼板与混凝土梁连接**

（a）叠合梁；（b）非叠合梁

图 10-6（a）为预制板搁置在预制混凝土叠合梁之上。为了提高楼层的净空，常常将预制梁设计成 T 形或 L 形，如图 10-6（b）所示。

（2）楼板与钢梁连接（图 10-7）。

楼板搁置在钢梁上。为了提高楼层的净空，常常将预制板顶与钢梁顶标高齐平。在北美还常用一种代尔塔钢梁，有各种规格，一般梁高与板厚相同。梁内可以配筋并灌浆或浇筑混凝土。这种梁能确保楼板的整体性，承载力高，刚度大，防火性能好，节约净空，安装方便。

$(a)$　　　　　　　　　　　　$(b)$

**图 10-7　楼板与钢梁连接**

$(a)$ 置于钢梁上翼缘；$(b)$ 与钢梁上翼缘齐平

### 10.2.3　楼面板与墙连接

（1）楼板与混凝土墙连接（图 10-8）。

在楼层位置的楼板与承重墙连接，应保证结构构件传力的可靠性。节点设计和构造应满足：①墙体的连续性和整体性，墙体断面不受削弱；②楼板在墙体上可有靠支承。当楼板搁置在墙外伸出的牛腿支座上时，容易满足上述要求。

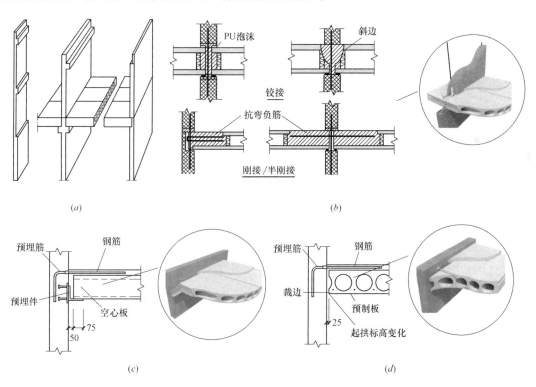

**图 10-8　楼面板与墙连接**

$(a)$ 节点类型；$(b)$ 断面构造；$(c)$ 角钢连接构造；$(d)$ 非承重边缘构造

当楼板搁置在墙上时，墙体受到削弱，节点处需要插筋和灌浆予以加强。楼板可以选用不传递弯矩的节点，或传递弯矩的节点。图 10-8（$b$）给出了铰接和刚接/半刚接的两种构造。

角钢连接也是常见的连接方式，墙体在节点处保持连续，如图 10-8（c）所示。

楼板边缘与非承重墙应有拉结，以便传递剪力和增加楼盖整体性，如图 10-8（d）所示。

楼板与剪力墙连接处，应布置连接钢筋（Collector）以传递拉、压力给剪力墙。可以将钢筋放置在整浇层内或整浇带中，如图 10-9 所示。

（2）楼板与砌体墙连接（图 10-10）。

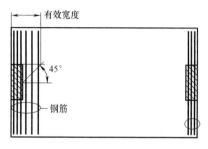

图 10-9　楼板与墙节点构造

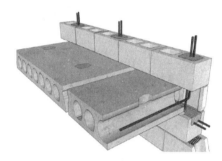

图 10-10　楼板与砌体墙连接

在抗震区，一般采用配筋砌体。在楼板下方砌体墙内设置钢筋混凝土圈梁。楼板与墙采用钢筋拉结，这种形式的节点，适合多层建筑。

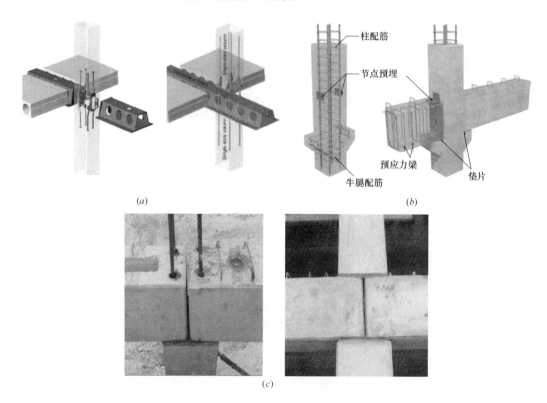

图 10-11　梁-柱连接

（a）代尔塔梁；（b）预应力叠合梁；（c）混凝土梁节点（也适用于连续梁）

#### 10.2.4 梁与柱连接

抗震建筑遵循"强柱弱梁,强节点弱杆件"的原则,在梁、柱节点处的柱子保持连续(图 10-11)。混凝土梁搁置在柱子牛腿上,并通过构造与柱子实现铰接或刚接,如图 10-11(b)所示。当采用代尔塔钢梁时,梁节点也可以实现铰接或刚接,如图 10-11(a)所示。图 10-11(c)所示是梁、柱均铰接的节点,也适用于连续梁的情况,但仅适用于非抗震结构体系。

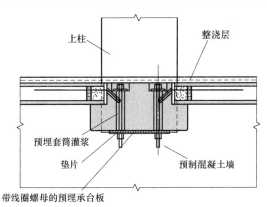

#### 10.2.5 梁与墙连接

预制墙与梁连接(图 10-12),当梁上有较大荷载时,可以将梁搁置在墙上,也可以在墙内预埋连接件,与钢梁连接,或墙上设牛腿与混凝土梁连接。

图 10-12 梁-墙-板-柱连接

#### 10.2.6 柱与柱连接

根据结构整体性要求,柱连接必须是能够传递拉力的连接(图 10-13)。设计连接时,应考虑能够抵抗轴力、弯矩、剪力和扭矩的作用。

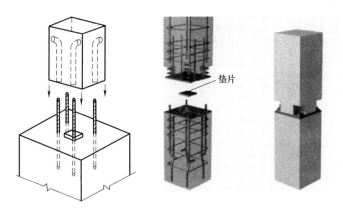

图 10-13 柱-柱连接

#### 10.2.7 墙与墙连接

(1)水平缝连接。

结构抗震和整体性要求剪力墙水平缝处的强度不低于构件本身的强度。常用钢筋套筒灌浆节点满足抗震要求。图 10-14(a)所示给出了墙-墙在楼盖平面处的连接构造,图 10-14(b)是正在安装的墙节点。

(2)竖缝连接。

采用现浇混凝土或灌浆芯柱的竖缝连接如图 10-15(a)和图 10-15(b)所示。

厂家已经开发出各种专门的带有抗剪键和配筋的连接件。图 10-15(c)是德国 Pfeif-

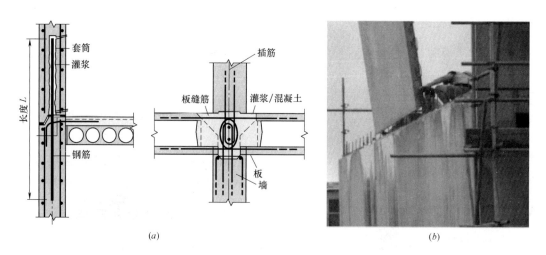

图 10-14　剪力墙水平缝节点

（a）节点构造；（b）节点施工

er 公司开发的钢索竖缝连接系统，节点灌注高强砂浆。这种配筋节点抗剪承载力可达 $90kN/m^2$。

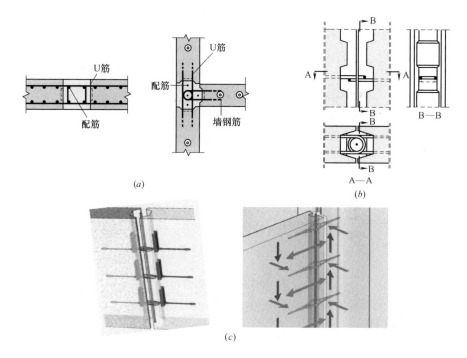

图 10-15　竖缝连接系统

（a）平面配筋；（b）抗剪槽键及配筋；（c）钢索连接系统

采用现浇钢筋混凝土的竖缝连接比较复杂，但构件的整体性较好。

## 10.2.8　柱、墙与基础连接

柱与基础连接的形式很多，比较常见的是螺栓连接（图 10-16a）。这种连接类似钢柱和基础的连接，柱底部为铰接。当柱底剪力较大时，宜设置抗剪键。另一种常见的形式是基础预埋钢筋连接，一般为套筒灌浆节点，柱底部为刚接。

剪力墙与基础缝常用钢筋套筒灌浆节点，满足节点强度不低于构件本身强度的抗震要求，如图 10-16（b）所示。

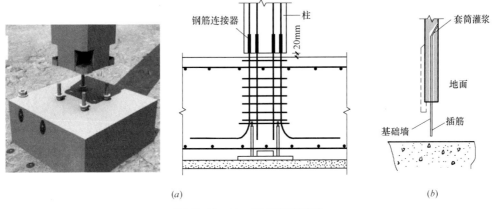

(a)                                                                 (b)

**图 10-16  柱、墙与基础连接**

（a）柱基连接；（b）墙基连接

## 10.2.9  梁、板、柱节点连接

当有悬臂梁或连续梁支承在柱子上时，可按图 10-17 的方式连接。

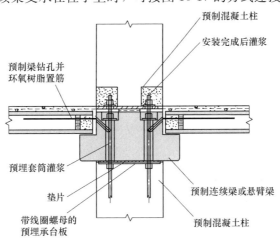

**图 10-17  梁、板、柱节点连接**

## 10.2.10  楼梯连接

楼梯的形式很多，与主体结构的连接也多种多样（图 10-18），可根据工程实际情况进行设计。

## 10.2.11  过梁处连接

门窗洞口处的过梁受力较小，常用角钢或工字钢连接（图 10-19），高度与楼板一致。

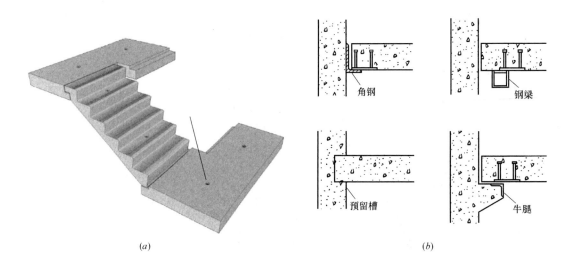

**图 10-18　楼梯连接**

（*a*）楼梯；（*b*）墙体支承构造

当两侧荷载不同时，应对梁的抗扭进行校核。

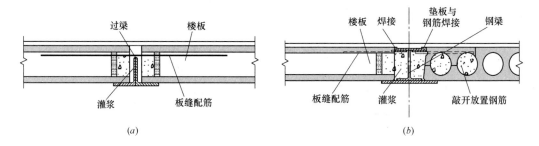

**图 10-19　过梁与楼板连接**

（*a*）双角钢；（*b*）工字梁

## 10.3　可拆卸式连接构造

在非抗震区和抗震设防烈度较低的地区，对抗震设防分类要求较低的多层建筑，可以考虑采用可拆卸式连接。这种节点连接采用钢结构螺栓连接或焊接，不需要浇筑混凝土，仅需少量灌浆节点，施工简单。预制构件拆卸后，仍保持原有的形状，经专业人员对其强度、耐久性鉴定后，可以作为次级重要的建筑构件加以重复利用。它非常适合改建、加建和移建项目。

可拆卸式连接不是一种新的连接方法。这样分类仅仅是考虑节点可拆卸，以及构件重复使用要求。图 10-20 所示为框架和剪力墙结构体系中的可拆卸式连接，这是一种在北美常见的车库和住宅建筑全预制装配技术。

采用可拆卸连接的楼盖和剪力墙，一般属于非等效现浇混凝土结构。连接节点应在计算模型中考虑，按实际边界条件求得节点内力。

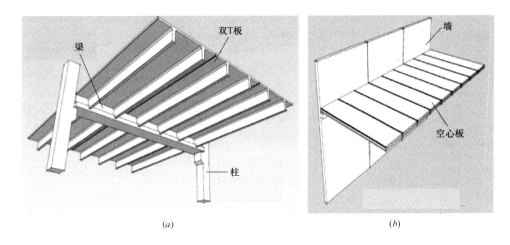

**图 10-20  可拆卸连接**

（*a*）框架结构；（*b*）剪力墙结构

### 10.3.1  楼面板之间的连接

无混凝土整浇层的楼盖属于可拆卸连接，可参见第10.2.1节。

### 10.3.2  楼面板与墙、梁连接

楼板与剪力墙的连接需要满足楼盖传力和整体性要求，楼板的水平力通过连接传递给剪力墙（图10-21）。

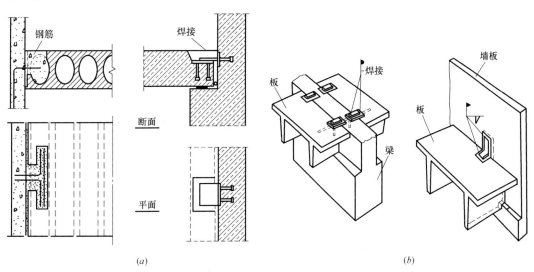

**图 10-21  楼板与墙、梁的连接**

（*a*）空心板；（*b*）T 形板

### 10.3.3  梁-柱、梁-梁连接

梁在竖向荷载作用下，会产生向下的变形。为了满足支座处铰接的受力要求，就要允

许梁节点转动。因此，梁在支座上部不与柱或梁连接。当梁支座顶部有传递拉力的连接时，梁的底部应采用有一定变形能力的弹性垫片支承（图10-22）。

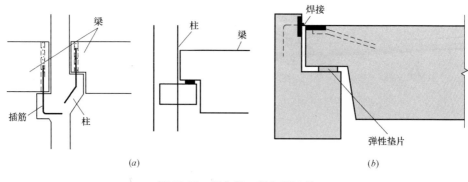

*(a)*        *(b)*

**图 10-22　梁与柱、梁与梁连接**

（*a*）梁-柱连接；（*b*）梁-梁连接

### 10.3.4　墙-墙连接

（1）水平缝连接。

剪力墙水平缝至少有两处传递拉力的连接（图10-23）。这些连接用来抵抗水平力产生的弯矩。同时应满足水平缝处的抗剪要求。剪力墙水平缝的拼接位置一般在楼层位置或楼层以上位置。当墙上有支承楼板牛腿或在楼层以上位置拼接时，墙与墙连接比较简单。当楼层处楼板由剪力墙支承时，接缝处理比较困难。

对混凝土承重剪力墙，图10-23（*a*）螺栓连接和图10-23（*b*）所示的钢筋搭接的水平缝应采用高强灌浆料进行灌浆，并确保节点抗拉、抗压、抗剪和抗弯强度不低于构件强度。

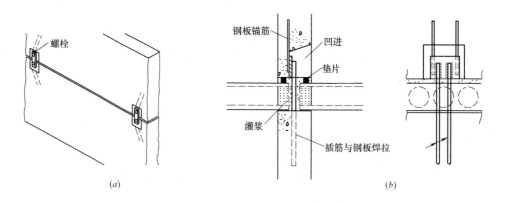

*(a)*        *(b)*

**图 10-23　墙水平缝连接**

（*a*）螺栓连接；（*b*）钢筋焊接

（2）竖缝连接。

每个楼层处有楼盖连接，楼层之间采用连接钢板，增加剪力墙之间的整体性（图10-24）。

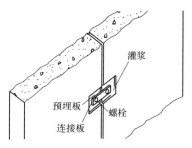
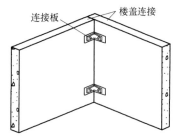

图 10-24　墙竖缝连接

## 10.3.5　墙与基础连接

剪力墙直接固定在基础底板上，作为基础墙或地下室外墙使用（图 10-25）。

## 10.3.6　承压节点连接

承压节点连接常用在预制-预制或预制-现浇的构件之间（图 10-26）。主要有以下几种：

（1）承压节点采用干砂浆填缝。当垫片厚度较薄（3～10mm）时采用半干水泥砂浆填缝。

（2）构件也可以直接搁置在半干水泥砂浆坐浆上。

（3）弹性支座采用氯丁橡胶板或类似垫片。

（4）钢板垫片。

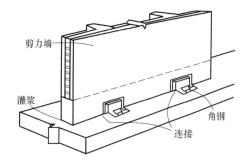

图 10-25　墙与基础螺栓连接

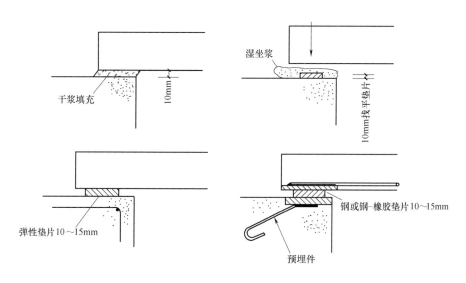

图 10-26　承压连接

### 10.3.7 预埋节点连接

预埋钢板节点常用于结构构件之间、结构和建筑构件之间、结构和设备支架之间的连接（图 10-27）。也可用于主体结构与非结构构件或次要结构构件的连接。

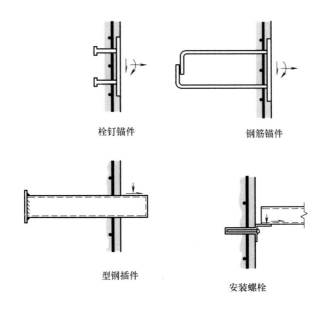

图 10-27 预埋钢板连接

需要指出，以上钢结构连接需要进行防火保护，一般不用于防火墙的连接构造。

## 10.4 Tilt-up 建筑连接

北美的 Tilt-up 建筑多用于仓库和单层厂房。外墙一般为单层混凝土承重墙，需要时在墙内另外设置保温层。随着技术的进步，近年来采用三文治保温墙作为承重墙使用越来越多。但以上两种方案的构造和安装相对比较复杂。有时设计人员会采用另一种较为简单的方案，即用钢结构框架承受竖向荷载，混凝土预制外墙既作为建筑外墙，又承受风和地震作用水平荷载。

图 10-28 为由内钢框架和混凝土三文治外墙组成的 Tilt-up 建筑的局部。墙板划分按照简单重复、便于安装的原则。所有连接均采用钢结构螺栓栓接或焊接。图中 D1 为外墙与基础的连接；D2 为外墙与屋面结构连接；D3 为外墙之间连接；D4 为洞口处连接。

屋面结构采用钢板上铺建筑防水保温层的轻质楼盖。压型钢板与桁架之间的栓钉设置，应满足刚性楼盖的设计要求。屋盖四周设置连续的角钢，承受屋盖内的水平拉力，并与外墙连接，将屋盖内的水平力传给外墙。

外墙设计应考虑屋面的水平剪力、自重以及垂直于墙面的风荷载作用。由于水平剪力和自重直接由剪力墙传给基础，所以外墙更像支承在基础和屋面之间的单跨板。

外墙连接形式一般采用钢结构预埋件、螺栓和焊接。需要指出的是，外墙连接形式和构造不是唯一的。

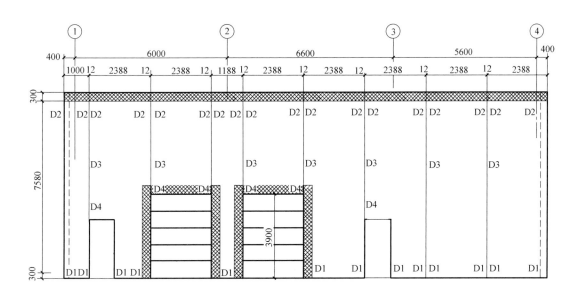

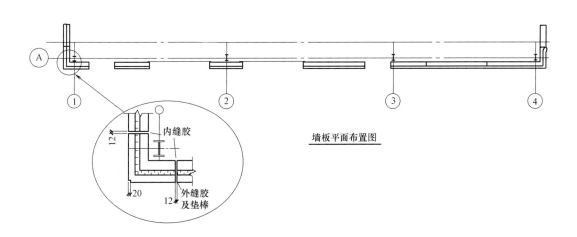

墙板平面布置图

**图 10-28 某建筑局部平、立面图**

图 10-29 所示是墙断面和节点详图。外侧墙虽然不受力，但应配置钢丝网以抵抗温度荷载。墙与屋面连接 D2 应保证可靠传递屋面水平力至外墙。墙与基础连接 D1 应保证可靠传递剪力至基础。门洞以上的墙体按过梁考虑，通过连接 D4 传递过梁荷载。由于外墙较多，屋面较轻，地震作用水平力较小。所以，即使按照单块墙体分配地震作用，也很容易满足设计要求。

外墙的接缝处应填充有弹性的建筑密封胶。

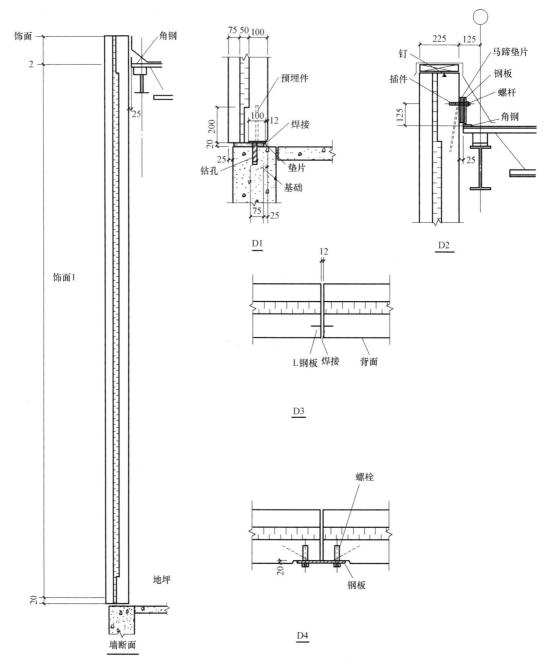

图 10-29　墙断面和节点详图

## 10.5　外挂墙板连接

预制混凝土外挂墙板有多种类型，主要有墙式外挂板、梁式外挂板和柱式外挂板。

连接节点主要采用预埋节点（钢板）连接（图 10-27），包括预埋件和连接件。要确保非结构构件在外力作用下传力至主体结构的可靠性。

预制混凝土外挂墙板的连接设计步骤如下：

第一步：根据楼层和柱子位置，确定外墙板的经济尺寸。

第二步：设计墙板的传力节点系统，确定荷载传给结构的支点，以及节点在哪个方向固定，哪个方向允许变形。

第三步：求出节点的受力，并进行节点设计。

图 10-30 所示是几种常见外墙的拼装形式。外挂墙板一般有两个受力节点和最少四个拉结节点。图 10-31 所示是几种常见节点布置。图 10-31（a）是典型的楼层-楼层墙板单元连接；图 10-31（b）、（c）是柱类墙板窄单元的连接；图 10-31（d）是墙梁类墙板宽单元的连接。这些节点也可以用于墙板平面内的抗震连接。在沿长度方向施加约束后，不影响墙板释放温度应力。图 10-32～图 10-35 是几种外挂墙板受力和拉接连接形式。

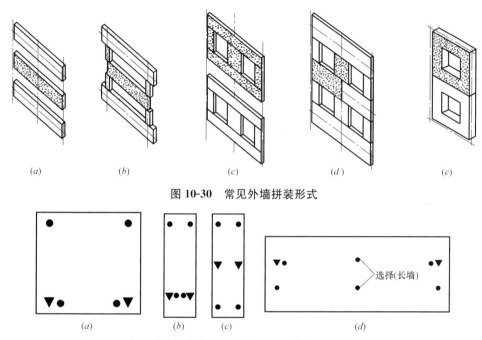

(a)     (b)     (c)     (d)     (e)

**图 10-30  常见外墙拼装形式**

(a)     (b)     (c)     (d)

**图 10-31  常见外墙节点布置（三角为受力节点，圆圈为拉结节点）**

（1）外墙挂板直接承压节点，图 10-32 所示。

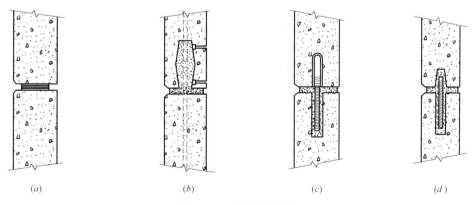

(a)     (b)     (c)     (d)

**图 10-32  直接承压节点**

（2）外墙挂板偏心承压节点，如图 10-33 所示。

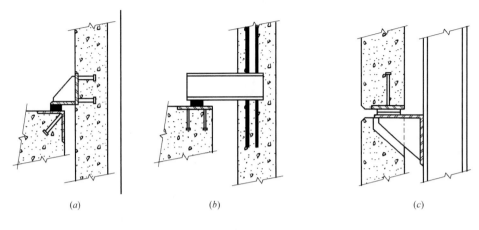

$(a)$　　　　　　　　　　$(b)$　　　　　　　　　　$(c)$

**图 10-33　偏心承压连接**

（3）外墙挂板拉结节点，如图 10-34 所示。

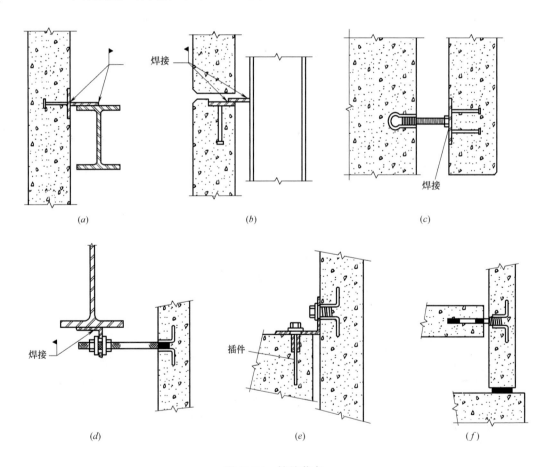

**图 10-34　拉结节点**

（4）外墙挂板抗震剪切节点，如图 10-35 所示。

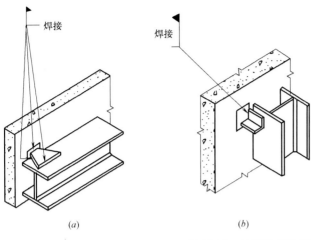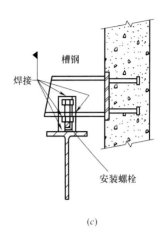

图 10-35 抗震剪切连接

# 11 预制混凝土装配结构连接设计

## 11.1 结构设计与连接

与所有建筑结构一样，预制混凝土装配结构必须能抵抗外部各种作用，在满足规范安全性要求的条件下，满足各种使用功能要求。使用期间的外部作用包括建筑物自重、使用荷载、风荷载、地震作用、温度荷载、地基不均匀沉降等。施工期间的外部作用包括自重、施工荷载、风荷载等。此外还要考虑拆模、储存、运输和吊装荷载。

预制构件的设计应考虑以下特点：

(1) 设计模块化和构件重复化。

(2) 使用单跨构件。

(3) 构件开洞的位置和尺寸标准化。

(4) 采用当地标准件。

(5) 减少不同构件的类型。

(6) 减少同一构件配筋形式。

(7) 减少连接类型。

(8) 采用当地生产企业建议的连接类型。

(9) 考虑构件尺寸和重量，避免生产、运输、安装困难和超重。

(10) 对长跨度、高净空和开裂有要求时，采用预应力构件。

(11) 设计采用的构件和连接要与当地生产能力和安装水平相适应。

(12) 将外围护墙作为结构构件使用。

(13) 模板重复使用最大化。

设计人员要在项目开始设计时，与当地生产企业的技术人员一起讨论上述问题，确定结构布置和连接方案。

预制混凝土装配结构的荷载及设计要求与普通混凝土结构类似。预制混凝土装配结构构件及节点应进行承载力极限状态和正常使用极限状态设计，并符合现行国家标准《预制混凝土装配结构技术规程》（JGJ 1）、《混凝土结构设计规范》（GB 50010）、《建筑抗震设计规范》（GB 50011）和《混凝土结构工程施工规范》（GB 50666）等的有关规定。

预制混凝土结构的设计应根据不同的结构体系，满足规范要求的最大适用高度、最大高宽比和结构刚度、质量、形状等规则性方面的要求。对抗震设计，应根据设防烈度、结构类型和房屋高度采用不同的抗震等级，并符合相应的计算和构造措施要求。当结构在高度、类型、规则性和节点连接构造等方面超出规范规定时，可进行结构抗震性能化设计。

按弹性方法计算的楼层层间最大位移与层高之比的限值应符合规范要求。此外，按弹塑性方法计算罕遇地震作用下结构薄弱层的层间位移也应满足规范要求。结构弹塑性分析时，节点和连接的非线性性能可由试验确定。

美国的预制混凝土装配结构设计按照混凝土规范 ACI-318 和预制混凝土学会（PCI）出版文献。加拿大的预制混凝土装配结构设计按照混凝土规范 CSA A23.3 及预制混凝土-材料和建造 CSA A23.4 及预制混凝土学会（CPCI）出版文献。对于预制构件，生产企业一般都会提供标准规格，根据不同的荷载情况，供设计选用。预制空心板选用时，有些厂家还给出了有整浇层的组合楼板选用表。

第 9 章讨论了预制装配结构在抗震性能和整体性方面的构造要求。这些要求在设计中必须得到满足。由于预制装配结构在撞击、爆炸、火灾等偶然荷载作用下，防连续倒塌能力较弱，所以在针对防连续倒塌方面也要进行专门设计。国际混凝土学会（FIB）对此进行了专门研究。主要包括以下几个方面的要求：

（1）结构整体性和冗余度，即结构鲁棒性（Robustness）。通过合理的结构布置，预防连续倒塌。

（2）结构水平抗力不依赖单个抗侧力构件，避免大面积倒塌。

（3）尽量采用 L 形墙，将纵、横墙连接起来。

（4）单元式模块建造方式。

具体设计方法主要有：

（1）拉结法。通过拉结构件的强度和延性，间接对整个结构提供防倒塌能力（图 11-1）。

（2）改换荷载路径法。通过改变传递荷载路径，避免连续倒塌。

（3）特殊荷载抵抗法，即关键构件法。对关键构件，按特殊荷载进行补充验算。

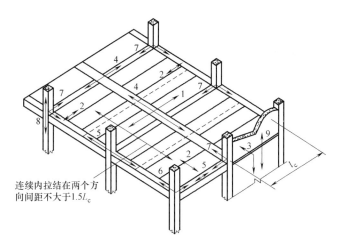

连续内拉结在两个方向间距不大于$1.5L_c$

**图 11-1　结构整体性和防连续倒塌设计中的拉结联系**

1—楼板与内梁拉结；2—楼板与外围梁拉结；3—楼板与墙拉结；4—梁拉结；5—外围梁拉结；
6—角柱拉结；7—边柱拉结；8—柱竖向拉结；9—墙竖向拉结

对预制剪力墙结构的剪力墙（高度同层高），防倒塌设计的原则是：假定楼层的拉结构件破坏后，每一层墙的破坏不会引起结构的破坏。所以，当遇到框支或悬臂情况时，还应按每层墙独立承受该层荷载进行验算。

预制混凝土装配结构设计方法分为等效现浇整体式设计（Emulation Design）和非等

效现浇整体式设计（Non-Emulation Design）。前者节点采用强连接（Strong Connection）。强连接就是结构构件在预定位置发生塑形变形后，连接仍然处于弹性阶段。结构性能和普通现浇混凝土结构类似，完全可以采用现行规范进行设计。后者允许采用延性连接（Ductile Connection）。延性连接就是连接件先于构件产生屈服，进入塑形耗能阶段，一般需要通过试验确定连接的非线性特性。结构分析模型应按实际情况模拟。显然，二者的结构分析模型有所不同（非等效现浇整体式设计模型，需要将节点建模，并求出节点上的内力），结构抗震耗能机制有所不同，但在整体性、延性、承载力、变形和耐久性方面均应达到与现浇混凝土结构相同的效果。

结构连接设计应满足整体结构的性能要求，结构分析模型应正确反映连接和构造。

在连接设计方面，虽然不同机构的文件，如 ACI-318，PCI，ASCE，NEHRP 不尽一致，但设计原理是相同的。本章参考北美设计经验，主要介绍装配建筑常用的预制剪力墙的连接设计和楼面设计思路和概念，以便读者理解预制装配结构体系的连接设计原理。假定读者已经掌握混凝土和钢结构设计原理和方法，因此对结构分析、构件设计和节点设计的有关内容不再重复介绍。

每个项目都会有多个解决方案，这里介绍的方法不是唯一的。

## 11.2 预制装配结构的连接设计

### 11.2.1 连接设计的抗震及整体性要求

连接的目的是传力可靠、控制位移和提供稳定性。因此，它应具备强度、延性、耐久、防火和容许体积变形的能力。考虑到经济性和容易施工，连接要简单化、标准化和重复化。节点传递的力包括混凝土收缩、徐变、温度、弹性变形、风力和地震作用等。构件之间的节点传力是通过灌浆/混凝土、剪力键、机械连接、钢筋、结构整浇层实现的。节点连接设计还应满足大震作用下结构变形的要求。

强连接的预制混凝土装配结构各构件之间的连接应符合下列各项要求：

（1）应保证结构的整体性，使得结构分析可以完全等同于现浇混凝土结构。

（2）节点的破坏不应先于其连接的构件。墙、柱塑性铰位置发生在距离连接以外 1/2 构件截面高度的地方。

（3）预埋件的锚固破坏不应先于连接件。

（4）预应力钢筋宜在节点核心区以外锚固。

（5）应对非结构构件与主体结构的连接进行抗震设计。

ASCE7 关于结构整体性有如下要求：

（1）各构件在节点相互连接。连接应能传递水平力，抵抗至少 5% 被连接结构的重力。

（2）结构应考虑两个垂直方向独立施加水平荷载。最小水平力公式如下：

$$F_x = 0.01W_x \tag{11-1}$$

式中，$F_x$、$W_x$ 分别为第 $x$ 层的水平力和静荷载。

（3）梁与其支承构件或刚性楼板应有可靠连接，以抵抗平行于构件的水平力。当用刚性板传力时，支承构件还要与刚性板连接。连接强度应能抵抗至少 5% 的静荷载和可变荷载作用之和。

（4）承重墙应与各层楼板、其支承构件和提供水平支撑的构件有可靠锚固连接。连接应能抵抗上部从属面积重量的 20%，且不小于 5psf（$0.24kN/m^2$）。

当考虑荷载组合时，上述 4 条中名义荷载应与永久荷载、可变荷载组合：

$$组合 1：1.2D + 1.0N + fL + 0.2S \tag{11-2}$$

$$组合 2：0.9D + 1.0N \tag{11-3}$$

式中，$D$ 为永久荷载；$L$ 为可变荷载；$S$ 为雪荷载；$f = 0.5$（$L < 100$ psf（$4.8kN/m^2$）），或 $1.0$（$L \geqslant 100psf$（$4.8kN/m^2$））；$N$ 为名义荷载。

在抗震设防区，当楼盖受地震作用力时，$N$ 应按楼层水平地震作用 $F$ 代入上述组合公式。

$$F = \Omega F_i \tag{11-4}$$

式中 $\Omega$ 是抗侧力系统的超强系数，即：极限强度/设计强度。除对抗震要求较低的抗震设计类别（Seismic Design Category）A、B 以外，对中等抗震设计类别 C 及以上的抗震设计类别 D、E、F，取 $2.0$。$F_i$ 是楼层弹性地震作用，实际设计时，可取楼层最大地震作用力。

根据结构抗震、抗连续倒塌和整体性的构造要求，所有结构构件必须有效地连接在一起。当楼层出现拉力时，可在楼层设置纵、横向抗拉钢筋，以便将水平力传给侧向力抵抗系统。此外，在楼层周边应设置抗拉联系构件，以提高结构整体性。在剪力墙和柱的水平缝连接处，应设置竖向插筋作为竖向抗拉连接。

实际工程中，要实现传递弯矩的刚接相对比较复杂，而铰接则相对简单。特别是预制预应力梁、板，适合作为简支构件。因此，对梁与梁、梁与柱之间的点连接，尽量采用不传递弯矩的铰接节点。这对纯框架结构显然不适用。当框架结构必须采用刚接节点构造时，就会导致结构造价较高。为了避免这种情况，可以在框架柱之间设置侧向支撑。

设计人员可以按照自己的理解，进行结构布置，并选择不同的连接方式，提出结构方案。但利用剪力墙或侧向支撑承受地震作用，并通过节点连接将地震作用力传递至基础，是装配结构设计的一般原则。

## 11.2.2　连接缝处新、旧混凝土界面的抗剪承载力

一般接缝灌缝材料强度高于构件强度，当穿过接缝的钢筋面积不少于构件内钢筋时，节点及接缝的正截面受拉、受压和受弯承载力一般不低于构件，可不进行承载力验算。但结合面的粘结抗剪强度往往低于预制件的抗剪强度，因此接缝位置应进行抗剪验算。

一般情况下，预制板接缝处应变集中，裂缝开展较大。而接缝灌浆处又不设抗剪配筋。按美国 PCI 设计手册，当板缝名义抗剪应力大于 0.55MPa 时，需要在整浇层内配筋，并在连接缝进行界面抗剪验算。当没有整浇层时，就要在预制板间设置抗剪连接。

任何情况下，为了增加抗剪能力，预制混凝土与后浇混凝土、灌浆料、坐浆料的结合面应设置粗糙面。楼板缝和剪力墙的竖缝一般通过设置键槽增加抗剪能力。

（1）美国 ACI-318 给出预制墙或板接缝的抗剪承载力，按剪切-摩擦法（Shear-Friction）计算：

$$当配筋垂直于受剪面时:V_u = \Phi \mu F_y A_s \tag{11-5a}$$

$$当配筋与受剪面成 \alpha 夹角时:V_u = \Phi F_y A_s(\mu \sin\alpha + \cos\alpha) \tag{11-5b}$$

式中：$V_u$ 为抗剪承载力；$\Phi$ 为板缝和墙缝钢筋抗剪系数均取 0.75。抗震设计时，对中等预制墙的较高抗震类别（D、E、F）、特殊预制框架和特殊预制墙，当墙的名义抗剪承载力小于名义抗弯承载力对应的剪力时（指低层建筑墙和易发生脆性破坏的楼盖），取 0.6；$\mu$ 为灌浆界面摩擦系数，见表 11-1。经过 6mm 深粗糙处理后取 1.0；$F_y$ 为钢筋屈服强度；$A_s$ 为剪力墙水平缝处全部竖向钢筋面积。

需要指出的是，在本书所采用的计算设计承载力公式中，我国混凝土规范和加拿大混凝土规范是按照混凝土和钢筋材料设计强度计算，而美国混凝土规范则采用名义承载力乘以按承载力类型的折减系数求得。实际应用时，应按我国规范进行换算。

（2）美国 PCI 设计手册建议预制混凝土构件，按有效界面摩擦系数 $\mu_e$ 代入式（11-5）计算。

$$\mu_e = 6.895\lambda A_{cr}\mu/V_u \tag{11-6}$$

式中：$V_u$ 为设计剪力；$A_{cr}$ 为开裂面面积（$mm^2$）；$\lambda$ 为混凝土密度系数：普通混凝土为 1.0，砂-轻质混凝土为 0.85，其他轻质混凝土为 0.75。

有效界面摩擦系数 $\mu_e$ 和设计抗剪承载力 $V_u$ 的最大取值见表 11-1。

PCI 建议的剪切-摩擦界面系数取值    表 11-1

| 开裂界面条件 | $\mu$ | $\mu_e$ | 最大值 $V_u = \Phi V_n$ |
|---|---|---|---|
| 混凝土一次浇筑 | $1.4\lambda$ | 3.4 | $0.30\lambda^2 f_c' A_{cr} \leqslant 6.895\lambda^2 A_{cr}$ |
| 旧混凝土表面处理 | $1.0\lambda$ | 2.9 | $0.25\lambda^2 f_c' A_{cr} \leqslant 6.895\lambda^2 A_{cr}$ |
| 旧混凝土表面不处理 | $0.6\lambda$ | 2.2 | $0.20\lambda^2 f_c' A_{cr} \leqslant 5.516\lambda^2 A_{cr}$ |
| 有栓钉的钢结构表面 | $0.7\lambda$ | 2.4 | $0.20\lambda^2 f_c' A_{cr} \leqslant 5.516\lambda^2 A_{cr}$ |

表中：$f_c'$ 为混凝土抗压强度（MPa）。该表考虑了高强度混凝土对界面摩擦系数的影响。

当有拉力时，附加钢筋为：

$$A_n = N_u/\Phi F_y \tag{11-7}$$

式中：$A_n$ 为钢筋面积；$N_u$ 为垂直开裂界面的拉力设计值；$\Phi F_y$ 为钢筋抗拉强度设计值（$\Phi = 0.75$）。

（3）我国《预制混凝土装配结构技术规程》规定接缝的受剪承载力应符合下列规定：

$$持久设计状况:\gamma_0 V_{jd} \leqslant V_u \tag{11-8a}$$

$$地震设计状况:V_{jdE} \leqslant V_{uE}/\gamma_{RE} \tag{11-8b}$$

在梁、柱端部箍筋加密区及剪力墙底部加强部位，还应满足：

$$\eta_j V_{mus} \leqslant V_{uE} \tag{11-9}$$

式中，$\gamma_0$ 为结构重要性系数；$V_{jd}$、$V_{jdE}$ 为持久设计、地震设计接缝剪力；$V_u$、$V_{uE}$ 为持久设计、地震设计梁、柱端及剪力墙底部承载力；$\gamma_{RE}$ 为承载力抗震调整系数；$\eta_j$ 为增大系数：抗震等级一、二级取 1.2，三、四级取 1.1；$V_{mus}$ 为按实配计算的截面受剪承载力。

剪力墙水平缝处的受剪承载力按下式计算：

$$采用灌浆材料时:V_{uE} = (0.6f_y A_s + 0.8N) \tag{11-10a}$$

采用坐浆材料时：$V_{uE} = (0.6 f_y A_s + 0.6N)$ （11-10b）

式中：$N$ 为轴向力设计值受压取正，受拉取负；$f_y$ 为钢筋强度设计值。

我国行业标准《预制混凝土装配结构技术规程》（JGJ 1—2014）没有给出节点抗弯要求。为迫使塑形变形区离开接缝 1/2 构件截面高度，剪力墙的竖向抗弯连接钢筋也应适当增大。建议比墙中实配抗弯钢筋面积增加 1.1～1.2 倍。

按照 ACI-318，为了满足"强剪弱弯"的要求，接缝处的剪力应按实配连接钢筋抗弯承载力的 1.5 倍所对应的剪力进行设计。

### 11.2.3 水平缝处剪力墙节点的抗压承载力

根据 PCI，对于图 11-2 所示楼板搁置在剪力墙上的三种情况，剪力墙节点的抗压承载力，按式（11-11a）及式（11-11b）进行计算。

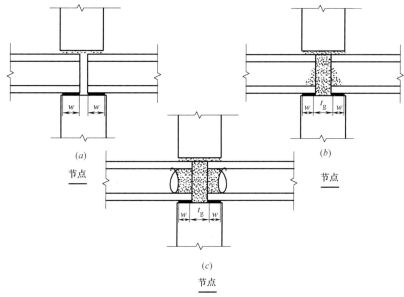

**图 11-2 剪力墙与楼板节点**

(a) 无灌浆；(b) 板缝灌浆；(c) 板缝和板端灌浆

对于图 11-2 (a) 所示的无灌浆节点，按式（11-11a）计算。

对于图 11-2 (b) 所示的板缝灌浆节点和对于图 11-2 (c) 所示的板缝和空心板端部灌浆节点，取式（11-11a）及式（11-11b）二式中的较大值。

无灌浆节点也可以在空心板端部采用灌浆处理。两式均考虑了偏心荷载对抗压承载力的折减。

$$P_u = \Phi\, 0.85 A_e f'_c R_e \qquad (11\text{-}11a)$$

$$P_u = \Phi\, t_g l f_u C R_e / k \qquad (11\text{-}11b)$$

式中：$P_u$ 为设计强度；$\Phi$ 为混凝土强度系数，取 0.7；$A_e$ 为楼板有效承压面积 $= 2w b_w$。$w$ 为承压垫条宽度，$b_w$ 取值为：1）空心板端部无灌浆时的净腹板宽度，2）空心板端部灌浆时取整板宽度；$f'_c$ 为楼板和灌浆抗压强度的较小值；$R_e$ 为偏心荷载折减系数 $= 1 - 2e/h$。$e$ 为从节点中心计算的偏心，$h$ 为墙厚；$t_g$ 为灌浆缝宽度；$f_u$ 为当墙配有抗裂筋以及空心板端部灌浆时，取墙和灌浆抗压强度的较小值。否则取上述强度的 $80\%$；

$l$ 为所考虑板宽度；$C$ 为取值按：1) 空心板端部无灌浆时取 1.0，2) 空心板端部灌浆时取 1.4 $\sqrt{17.25/f_c'}$（灌浆）$\geqslant 1.0$；$k=0.65+(f_c'($灌浆$)-17.25)/345$。345（单位 MPa）为承压垫条弹性模量。如采用不同弹性模量垫条时，可保守地按实际值代入公式。

图 11-3 给出了节点的力和建议的垫条有效宽度。上部墙体和楼板传来的力由灌浆部分和垫条承担。垫条的选用应按厂家建议的应力值复核。

节点处的另一组力是由楼板负弯矩引起的墙对板端的夹紧效应。它将会导致两个不利效果：降低墙的抗劈裂强度和由于板端开裂降低对灌浆的约束。在垂直于板缝的方向设置钢筋是最好的解决方法。

装配式结构的连接构造，不仅要满足受力要求，还要满足标准化、简单化、抗拉能力、延性、变形能力、防火、耐久性和美观的要求。

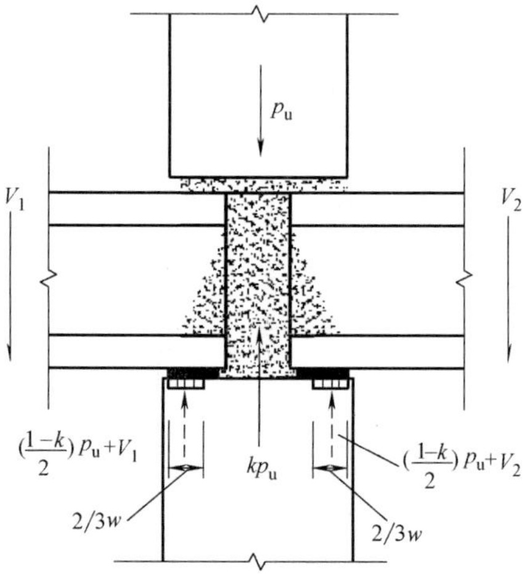

## 11.3 剪力墙的连接设计

### 11.3.1 强连接设计-常规设计方法

我国抗震设计，按照两阶段设计实现三水准设防。即在小震作用下结构构件和节点处于弹性阶段，按弹性分析的地震作用进行构件的承载力验算。中震作用下，部分抗震构件屈服耗能，大震作用下验算结构的变形。

**图 11-3　剪力墙与楼板节点传力**

预制混凝土装配结构按等效整体现浇混凝土结构设计。这就要求地震作用下：1) 剪力墙之间的连接采用强连接，处于弹性阶段，迫使构件而不是节点连接发生弯曲破坏；2) 楼盖结构满足整体性和平面刚性假定，以确保剪力墙作为结构的抗震耗能构件。

预制剪力墙变形破坏有三种：1) 水平缝处滑移剪切破坏；2) 弯曲拉伸破坏；3) 竖向缝处滑移剪切破坏，如图 11-4 所示。

为避免发生脆性剪切破坏，使耗能塑性铰发生在剪力墙构件底部预定位置，出现弯曲拉伸破坏，就要合理设计节点和连接。一般水平缝处采用钢筋贯通的套筒灌浆连接，确保剪力墙端部拉力在节点的连续性。同时对剪力墙水平和竖向缝的节点连接进行"强剪弱弯"的验算，以确保接缝处不发生剪切破坏。钢筋套筒灌浆连接接头技术是国内、国外多年实践证实可靠、成熟的强连接技术。

竖缝强连接容易通过现浇配筋混凝土或灌浆配筋节点实现。在对结构进行整体模型分析后，按照剪力墙的受力情况，根据静力平衡条件，剪力墙竖向缝处的剪力可以由材料力学公式求得。

根据矩形梁横截面上距中性轴为 $y$ 处的各点剪应力计算公式，矩形截面墙的剪应力按下式计算：

$$\tau=FS/(IB)=0.5F/[(L^2/4-y^2)] \tag{11-12}$$

式中：$F$ 为横截面剪力；$I$ 为横截面对中性轴的惯性矩；$B$ 为横截面厚度；$S$ 为剪应

力位置至边缘部分面积对中性轴的静矩；$L$ 为截面高度。

对两片矩形截面相同尺寸剪力墙组合而成的一个墙厚 $B$、墙长 $L$、墙高 $H$ 的剪力墙（图 11-5），水平力 $F$ 作用在高度 $H$ 上，竖缝处连接件上的剪力为：

$$Q=1.5FH/L \tag{11-13}$$

对多层建筑，当高度为 $H_i$ 的楼层，作用水平力 $F_i$ 时，竖向缝连接件上的剪力为：

$$Q=1.5\sum F_iH_i/L=1.5M/L \tag{11-14}$$

式中：$M$ 为底部弯矩。

由此可以看出：竖向缝连接件上的剪力与楼层水平力和作用高度成正比，与墙长度成反比，与墙厚无关。

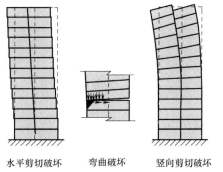

图 11-4　剪力墙的连接破坏形式

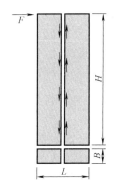

图 11-5　两片相同剪力墙竖缝剪力

竖缝强连接也可以通过预埋件焊接连接的方式实现。在结构模型中，将连接构件模型考虑进去，进行独立的预制剪力墙受力分析。连接设计的力应按剪力墙超强系数放大，以保证设计荷载状态下连接的弹性。

常见的竖缝连接方式是剪力墙仅在楼层位置连接。墙与墙之间变形和受力性质既有独立部分，又有互相偶联的关系。

为了满足整体性要求，同时避免竖缝连接的复杂性，有时采用类似砌体结构"错砌"的形式，可以大大增加墙体的整体性。所以，竖缝连接方式决定了剪力墙的设计尺寸。

带翼缘的剪力墙，翼缘宽度如图 11-6 所示。翼缘增加了抗弯能力，但对抗剪作用不大。有时会利用翼缘上的荷载抵抗剪力墙的倾覆力矩。

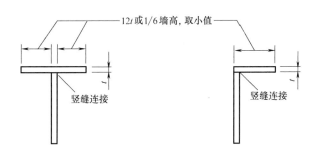

图 11-6　带翼缘剪力墙的连接

【例 11-1】　剪力墙厚 300mm，长 6000mm。底部与基础连接处设计受力为：$M=6500\text{kN}\cdot\text{m}$，$N=1000\text{kN}$，$V=800\text{kN}$。配筋采用 HRB400，抗拉设计值 $f_y=360\text{N/mm}^2$，

钢材为 Q345。试给出墙与基础和墙之间水平缝连接方案。

（1）墙与基础抗弯连接设计。

墙的抗弯强度是通过墙端抗拉钢筋实现的，抗弯连接的实质是抗拉钢筋的连接。

剪力墙端部受到的拉力为（假定抗弯截面力臂 5.7m）：$T = 6500/5.7 - 1000/2 = 640.35$（kN）

墙端部配筋：$A_s = 640.35 \times 1000/360 = 1778$（$mm^2$）

采用两根直径 36mm 的钢筋（$A_s = 2036mm^2$）。该配筋还应比墙体的配筋高出 20%，以使得构件屈服位置发生在节点以上的区域。

剪力墙两端的两根直径 36mm 的钢筋采用套筒灌浆连接，接缝处采用不收缩高强灌浆料（图 11-7）。

（2）墙与基础抗剪连接设计。

由于在地震作用下，竖向荷载较小时，底部接缝处会出现开合现象，摩擦效果大大减弱。这时不考虑抗剪切摩擦，而采用剪力键机械抗剪方式。

为实现"强剪弱弯"，剪力墙抗剪设计按照墙体实际配筋抗弯屈服时的剪力，放大 1.5 倍验算。

抗弯屈服系数为：$M_y/M_u = (2036 \times 360/1000 \times 5.7 + 1000 \times 5.7/2)/6500 = 1.09$

设计剪力为：$V = 800 \times 1.09 \times 1.5 = 1308$（kN）

如果沿墙长度方向均匀布置 4 个抗剪节点，则每个节点上的剪力为 1308/4＝327kN

每个节点有两块连接钢板，每块连接钢板厚 12mm，抗剪强度设计值 $f_v = 180N/mm^2$，钢板宽度为：$327 \times 11000/12/180/2 = 76$（mm）

连接钢板采用$-76 \times 200 \times 12$，如图 11-8 所示。

抗剪连接构造有多种方式，图 11-9 所示给出了另一种连接方式。

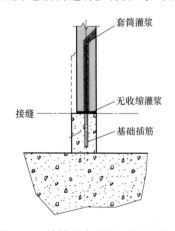

图 11-7 墙缝抗弯连接（单排连接）

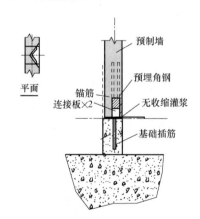

图 11-8 墙缝抗剪连接形式（一）

抗剪连接形式一同时又增大了构件在水平缝处的抗弯能力，使得剪力进一步加大。为了解决这个问题，可选用抗剪连接形式二。它是采用角钢连接使得沿抗剪方向刚度较大，而沿竖向刚度较小，从而允许发生竖向变形。

此外，水平接缝处还可以通过在墙底边设置抗剪键槽，以提高抗剪（抗滑移）能力。

（3）墙之间水平缝抗弯连接设计。

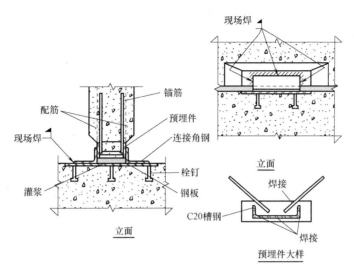

**图 11-9 墙缝抗剪连接形式（二）**

二楼以上墙与墙的抗弯连接，采用墙与基础连接同样的形式，并按实际受力设计。

（4）墙之间水平缝抗剪连接设计。

由于墙与墙在二楼以上连接处不会发生钢筋抗拉屈服，接缝处不会出现开合现象。因此，可以考虑摩擦抗剪。必要时在两片墙之间设置抗剪键。由于竖向钢筋不屈服，选择抗剪连接形式如图 11-10（a）所示。而图 11-9 所示抗剪连接形式二是不需要的。

除了上述钢结构连接外，还可以采用图 11-10（b）插筋套筒灌浆连接，也能满足强节点的设计要求。抗剪、抗压承载力按第 11.2 节计算。

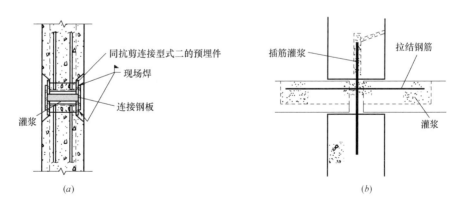

**图 11-10 二楼处剪力墙连接**

（a）钢结构连接（不在楼面标高）；（b）钢筋灌浆连接（楼面标高）

注意：在设计节点锚固、焊缝时，应在节点受力基础上乘以放大系数（可取 1.1～1.2），使其比连接钢板具有更高的安全储备。

剪力墙水平缝连接除了套筒灌浆连接外，还可以采用约束浆锚搭接连接等其他方式。

## 11.3.2 延性连接设计

延性连接是遵循"强构件，弱节点"的原则，使结构屈服耗能发生在节点构件，而非预制结构构件。这样的抗震设计思路与传统结构抗震理念是不同的。结构分析模型必须事先确定节点位置和连接方式,将节点构件放置在模型中,得出节点的受力。它是非等效整体现浇混凝土结构设计方法,适合低抗震设防的建筑。

延性连接布置在剪力墙水平缝和竖向缝位置。设计要求连接构件在预定荷载作用下屈服,但在屈服后仍有承载力,且能够利用永久荷载抵抗倾覆力矩。在竖向缝的延性连接屈服后,作为另一种极限状态,可以保守地认为每片竖墙独立工作。

现行的建筑抗震设计规范按承载力进行验算时,取第一水准(多遇地震)的地震动参数计算结构的弹性地震作用标准值和相应的地震作用效应。当遭遇第二水准烈度(设防烈度)时,结构进入非弹性工作阶段,满足损坏可修的目标。这是按照统计结果推出基本烈度和小震之间差 1.55 度,从而得到统一的强度折减系数 2.86,对应的结构影响系数为 0.35。这个地震效应折减系数与结构类型无关,也与结构周期、延性、阻尼等性质无关。

地震作用下,采用节点连接件延性屈服机制与传统抗侧力构件屈服机制,在结构延性、耗能、阻尼等方面有较大差异。对这种仅靠节点延性耗能的预制结构,采用与普通混凝土和钢结构同样的强度折减系数,按目前规范采用的弹性地震作用效应进行结构设计,尚待进一步研究。虽然这种节点在实际工程中应用较少,但作为一种干式连接方法和延性设计概念,值得深入探讨。

**1. 竖向缝的延性连接**

设计思路是剪力墙之间水平缝采用强连接,即套筒灌浆连接方式。确保不发生剪切、摇动和非线性破坏。竖向缝采用延性连接,中地震作用下,允许竖向缝之间的连接件首先发生屈服,并形成塑形耗能机制。剪力墙之间的竖缝采用干连接,不需要灌浆处理。

当把连接作为耗能机制时,它必须满足以下几点:

(1)良好的材料弹塑性性能;

(2)地震反复作用下可靠的滞回耗能;

(3)较好的节点变形能力;

(4)完成上述功能而不发生破坏。

采用钢结构连接板作为传力和耗能构件,可以比较好地满足上述要求。图 11-11 所示是剪力墙竖向缝常用的三种连接示意图。

(1)凹槽剪切钢板连接(Notched Shear Plate):凹槽的目的是迫使在目标剪力下屈服发生在凹槽处。

(2)开槽弯曲钢板连接(Slotted Flexure Plate):开槽的目的是在连接板上形成三根抗弯梁,在目标剪力下屈服发生在梁段上。

(3)滑移摩擦螺栓连接(Brass Friction Device):这个连接的关键是将两片半硬黄铜板布置在连接板上下,通过摩擦耗能。

将上述节点连接钢板标准化,并通过试验确定其非线性性能后,作为设计依据,对工程应用是必要的。

剪力墙竖向缝的宽度一般为 20mm。在楼层标高处,一般要求墙板拼缝和楼板的拼缝错开。灌浆节点和楼板也将参与墙体竖缝的抗剪。计算模型可采用连梁模拟剪力墙节点处

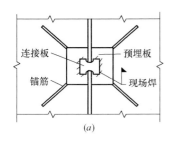 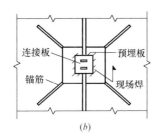 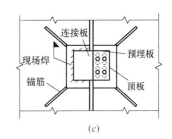

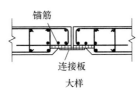

**图 11-11 竖缝延性连接示意图**

(a) 凹槽剪切钢板连接；(b) 开槽弯曲钢板连接；(c) 限制滑移的螺栓连接

楼层水平构件的连接作用。

**2. 抗震性能化设计思路**

对竖缝延性连接的剪力墙，按照抗震性能化设计，考虑三个水准设防要求进行构件的抗震验算。剪力墙结构抗震性能水准为：

（1）在小震作用下，构件和连接均处于弹性阶段，按现浇混凝土结构的方法进行结构分析和设计。

（2）在中震作用下，竖向连接屈服耗能，进入弹塑性阶段。这个过程中，通过节点连接件的耗能，吸收地震能量。随着地震作用加大，墙体变形加大，竖向缝连接退出工作。这时每片墙成为独立的悬臂构件，地震作用也大大减小了，结构又回到弹性阶段。假定结构中，组合剪力墙竖缝两侧由两片相同的墙组成，此时结构刚度是原来的1/8，周期和变形是原来的8倍。

（3）在大震作用下，剪力墙底部出现塑性铰，对结构进行变形验算。

对重要抗灾建筑，通过合理设计预制剪力墙的延性连接，能够实现小震完好、中震基本完好、大震轻微损坏的B级性能目标。

在同一个结构中，通过运用强连接和延性连接，将剪力墙可以设计成抵抗倾覆力矩和不抵抗倾覆力矩两种。这样，结构工程师就能够通过综合运用连接形式的优势，更加合理地进行结构抗震设计。

**3. 水平缝的延性连接**

利用水平缝特定连接的塑形屈服和变形能力，实现抗震预定目标。实际应用中，有多种方式实现抗震延性设计。一种是在钢筋的连接处，就是在套筒连接下方，留出100～200mm非注浆段，迫使钢筋在这个区段屈服。由于没有混凝土锚固，钢筋变形能力和耗能都得到改善，同时混凝土的开裂也得到控制。另一种方法是采用干连接，利用连接角钢一肢受弯屈服，产生延性变形和耗能。

在剪力墙弯曲产生的端部拉力作用下，采用干连接角钢需要满足以下条件：

（1）角钢连接件在预制墙两端对称布置，各承担 $50\%$ 的剪力。

（2）角钢水平肢，在地震作用下发生弯曲屈服。

（3）除了屈服构件外，按弯矩 $1.5M_y$（$M_y$ 屈服弯矩）所计算的，作用在其他非屈服构件的力，不应超过其设计强度。

（4）节点剪切强度不应小于节点连接处 $1.5M_y$ 所产生的剪力，同时不小于剪力墙名义抗剪能力。

采用角钢实现剪力墙抗拉延性连接方案时，剪力墙底部与基础交界处水平缝连接受力如图 11-12 所示，作用在耗能构件角钢上的力如图 11-13 所示。

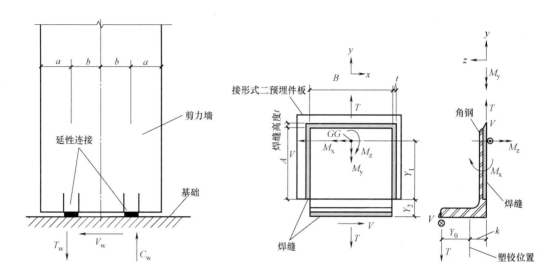

图 11-12　底部连接件受力（角钢墙 　　　　　图 11-13　连接角钢的受力
　　　　　　两侧对称布置）

在图 11-12、图 11-13 中，$T_w$、$C_w$、$V_w$ 分别为水平缝处拉力、压力和剪力；$T=T_w/2$，$V=V_w/4$ 为作用在每侧角钢节点的拉力和剪力；$CG$ 是焊缝重心位置。焊缝上的力包括剪力 $V$、拉力 $T$、沿 X 轴弯矩 $M_x$、沿 Y 轴弯矩 $M_y$、沿 Z 轴弯矩 $M_z$。图中 $k=r+d$ 是内圆弧半径和角钢厚度之和。

$M_u=TY_0$ 是角钢塑性铰处的设计弯矩。作为角钢的极限弯矩，计算时截面应采用塑性截面模量。

## 11.4　构件节点端部设计

预制构件在支座处的受力状态，可以通过采用有限元分析模型进行详细分析。传统方法是采用拉压杆模型分析，按极限状态设计。拉压杆模型按照应力流平衡原理，正确反映传力机制，帮助设计人员理解和采用合适的构造。拉压杆模型元素包括拉杆、压杆和节点。图 11-14（$a$）所示为梁、墙、楼板节点处应力流，图 11-14（$b$）所示为梁、柱牛腿节点的拉压杆模型。

构件端部受力求出后，按混凝土规范对结构构件端部进行设计。

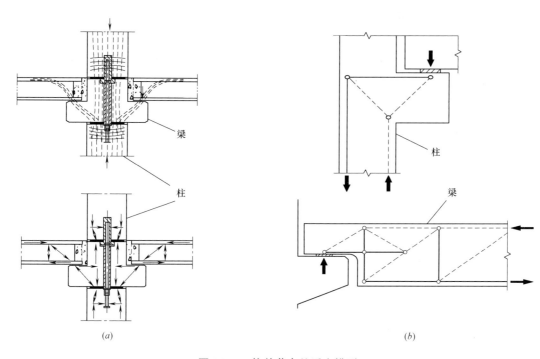

**图 11-14　构件节点处受力模型**

（*a*）应力流；（*b*）拉压杆模型

## 11.5　预制装配结构楼盖设计

在结构抗震设计中，楼板不作为抗震耗能构件。因此，楼板的构造和连接相对比较简单。但要通过采取计算和构造措施，使得预制结构的楼面系统具有良好的整体性，并使楼板符合平面内刚性假定，以传递地震作用力到竖向抗震构件，然后将地震作用传至基础。

平面内刚性楼板可以通过以下几种方式实现：

（1）叠合层或整浇层预制混凝土楼盖。

（2）有边缘构件的预制混凝土楼盖。

（3）没有整浇层，但相互连接的预制混凝土楼盖。

叠合层，即与下部楼板组合受力的现浇混凝土层。叠合楼盖有多种形式，我国常用的为钢筋桁架叠合板、空心板等。

整浇层，即配有单层钢筋网的现浇混凝土层。在北美，当整浇层与预制混凝土板之间不考虑组合板时，厚度为 50mm。对抗震建筑楼面，当整浇层与预制楼板之间考虑组合板时，厚度不小于 65mm。我国设计要求将整浇层与预制板叠合形成组合楼板。考虑管线预埋等因素，整浇层厚度不小于 60mm。

对于剪力墙结构的住宅建筑，结构整体刚度不是问题。可以适当加大剪力墙布置间距，达到经济的效果。楼板跨度一般为 6～12m，常采用 200～300mm 厚预应力空心板。

预制楼盖由抗侧力构件支承，通常宽度相对于跨度较大。模型可采用深梁模型，设计时遵循深梁设计和构造方法。节点和配筋设计应使楼盖应能够抵抗作用在其上的剪力和弯矩。楼盖设计也可以采用拉、压杆件模型，如图 11-15 所示。图中实线表示拉杆，虚线表示压杆。当无配筋整浇层时，应特别注意拉、压杆在板缝处的连续性。

另一种楼盖分析方法是有限元法。有限元模型需要模拟预制构件间的节点和连接。对复杂楼盖，有限元是比较实用的解决方法。

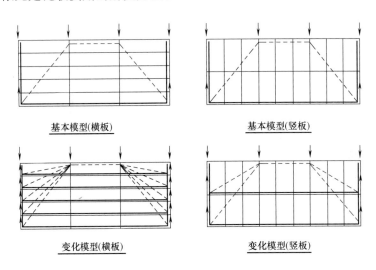

**图 11-15　楼盖设计拉压杆模型**

对深梁模型，楼盖弯曲作用由配筋的上下弦杆抵抗，剪力则由楼板间的连接或专门配筋承担。特别注意在楼板开洞处、楼梯间和车道位置，需要采取措施或设置附加钢筋，保证传力的可靠性和连续性。

刚性楼层的设计一般采用弹性设计方法。抗剪通过设置抗剪连接或按"剪切-摩擦方法"配置抗剪筋。带整浇层的楼盖，在节点处有变形集中，并伴随裂缝，所有剪切作用由节点以上整浇层配筋抵抗。

平面布置跨度与宽度之比较大的楼盖，以及不规则楼盖都可能会产生过大变形，不能满足刚性假定。因此，预制混凝土装配结构的平面规则性要求应比现浇混凝土结构更为严格。

## 11.5.1　地震作用取用

抗侧力系统是由竖向构件（墙和柱间支撑）以及水平刚性楼盖组成。在风荷载作用下，设计采用的竖向构件上的力与作用在水平刚性板上的力是相同的。但在地震作用下，二者的力要分开计算。楼盖上的地震作用力按弹性方法设计，但用的却不是小震弹性力。为了使耗能构件先于楼盖屈服，它是考虑了竖向抗侧力构件的超强系数后的弹性力。同时，美国 NEHRP 建议它应不小于抗侧力构件屈服时楼盖地震剪力的 1.25 倍。楼盖设计的地震作用力采用下式计算：

$$F = \Omega F_i \tag{11-15}$$

$$F = 1.25 K F_i \tag{11-16}$$

两式计算结果二者取大值。

式中，$\Omega$ 是抗侧力系统的超强系数，即：极限强度/设计强度。对剪力墙取值为 2.5；

$F_i$ 是楼层弹性地震力；$K$ 是弯曲屈服强度/弯曲设计强度（$M_y/M_u$）。

抗震楼盖应符合第 9 章要求，在整浇层内沿楼盖边缘和剪力墙布置横向和纵向钢筋，形成边缘加强构件。边缘构件包括位于楼盖和剪力墙周边、楼板开洞、楼板不连续处和凹角处的弦杆和撑杆。

### 11.5.2　无整浇层楼盖

对没有整浇层的楼板，楼板间必须通过连接单独形成刚性楼盖。平行于抗侧力系统的连接必须能够传递剪力到竖向抗侧力构件，并能够抵抗楼板内的剪力。上下两侧的弦杆（边缘连接构件）能够抵抗刚性板内弯曲产生的拉、压力。典型楼盖受力分析如图 11-16 所示。

中间支承楼板的梁两侧的剪力流相互平衡，最大剪力流按下式计算：

$$q=VQ/I=6V_{Rs_1}(b-s_1)/b^3 \tag{11-17}$$

式中：$V$ 为楼盖断面剪力；$I$ 为断面对中性轴的面积惯性矩；$Q$ 为断面中 $s_1$（$s_1<s_2$）部分对中性轴的面积一次矩；$V_R$ 为墙侧剪力；$b$ 为楼盖宽度，$b=s_1+s_2$。

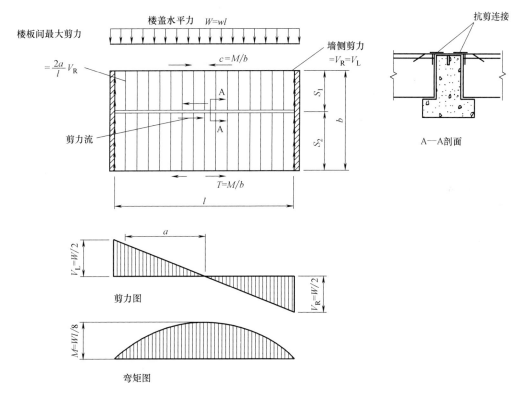

**图 11-16　楼盖平面及受力图**

它是由 Moustafa 提出的一种静力分析方法。适用范围：1）非抗震设防和低抗震设防区；2）要求预制件与灌浆界面的剪切摩擦系数 $\mu=1.0$。预制板沿长度方向需要设置抗剪键或进行粗糙处理（高低 6mm）；3）不允许竖向抗侧力构件出现不连续。

【例 11-2】某预制混凝土装配剪力墙结构，楼层平面布置如图 11-17 所示。平面由 114 块 1.2m 宽预应力空心板组成，支承在 16 片、200mm 厚混凝土剪力墙的连续牛腿上。

楼板之间采用配筋灌浆节点连接，无整浇层。不考虑扭转效应，并假定平面内的地震作用为力 1880kN（已考虑超强系数）。配筋采用 HRB400，抗拉设计值 $f_y = 360 \text{N/mm}^2$。试设计刚性楼盖。

设计步骤：

（1）找出楼盖设计控制断面。

受力较大的位置断面 1～断面 5，如图 11-18 所示。

（2）求解断面上的力。

作用在楼盖上的纵向地震作用按楼盖重量分配，$W1 = 46.93 \text{kN/m}$，$W2 = 34.89 \text{kN/m}$，纵向剪力墙上的作用力 $F = 470 \text{kN}$。作用在楼盖上的横向地震力，$W = 87.04 \text{kN/m}$，横向剪力墙上的作用力 $R = 470 \text{kN}$。

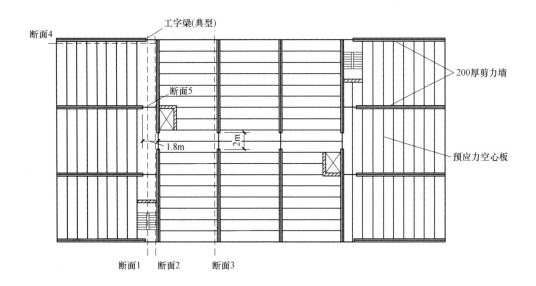

图 11-17　结构平面布置图

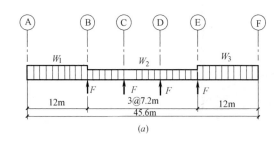
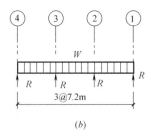

图 11-18　刚性楼盖静力分析

（a）横向断面；（b）纵向断面

由静力平衡条件，求得各断面上的力如下：

**断面 1**（纵向板与板之间的最大剪力）

剪力 $V = 46.93 \times 10.8 = 506.84$ （kN）

弯矩 $M=506.84\times10.8/2=2736.96$（kN·m）

弦杆拉力 $T=2736.96/21.6=126.71$（KN）

**断面 2**（纵向板与墙之间的最大剪力）

剪力 $V=46.93\times12=563.16$（kN）

弯矩 $M=506.84\times12/2=3378.96$（kN·m）

弦杆拉力 $T=3378.96/21.6=156.43$（kN）

**断面 3**（横向最大弯矩和弦杆拉力）

剪力 $V=563.16+34.89\times7.2-470=344.37$（kN）

弯矩 $M=563.16\times13.2+34.89\times7.2\times7.2/2-470\times7.2=4954.06$（kN·m）

弦杆拉力 $T=4954.06/21.6=229.35$（kN）

**断面 4**（外横墙处板与墙之间的最大剪力和连接力）

墙上剪力 $V1=1880/8=235$（kN）

楼板直接传给墙的剪力（地震力按面积分配） $V2=235\times10.8/45.6/2=27.83$（kN）

板经过连接传递的剪力 $V=235-27.83=207.17$（kN）

**断面 5**（内横墙处剪力和抗剪连接力）

平面弯曲时的剪力流

最大剪力流 $q=VQ/\mathrm{I}=6V_R s_1(b-s_1)/b^3=6\times563.16\times7.2\times14.4/21.6^3=34.76$（kN/m）

总剪力 $V=34.76\times12/2=208.58$（kN）

楼板直接传给墙的剪力（地震力按面积分配） $V2=235\times10.8/45.6=55.66$（kN）

板经过连接传递的剪力 $V=235-55.66=179.34$（kN）

（3）断面配筋设计。

**断面 1**

设计内力由断面 2 控制，配筋同断面 2。

**断面 2**

弦杆抗拉配筋：$156.43\times1000/360=435$（mm²）。将断面 3 的两根直径 22mm 钢筋延伸至剪力墙，即可满足要求。

作为另一个方案，利用工字钢梁作为抗拉连系梁。需要在钢梁上部设抗剪栓钉，通过灌浆接缝与预制空心板端部连接。

抗剪配筋：按 ACI-318，$A_s=563.16\times1000/0.75/360=2086$（mm²）。采用 4φ28（2463mm²）。各将两根直径 28mm 钢筋分别置于板端的两个内节点 2、3 轴线处。钢筋伸入两端剪力墙内锚固。作为另一个方案，利用工字钢梁作为抗拉连系梁。在钢梁上布置抗剪栓钉，利用钢梁抗剪。断面 2 的抗剪节点连接构造如图 11-19 所示。

**断面 3**

弦杆抗拉配筋：$229.35\times1000/360=637$（mm²）。采用两根直径 22mm 的钢筋，置于楼盖外边缘①、④轴线处。钢筋伸入两端剪力墙内锚固。节点构造如图 11-20 所示。

边缘楼板也可以采用配筋实心板，它特别适用于建筑立面有凹凸悬挑的情况，也方便建筑维护墙板的安装。

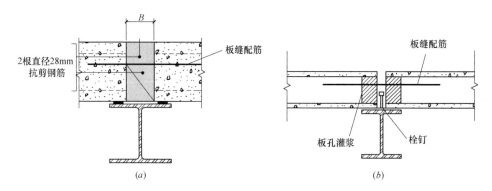

**图 11-19 断面 2 抗剪节点构造**

(*a*) 钢筋抗剪；(*b*) 栓钉抗剪

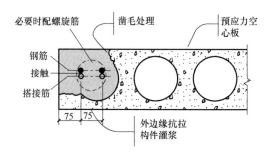

**图 11-20 断面 3 抗拉配筋构造**

**断面 4**

楼板直接传给墙的剪力配筋：$27.83 \times 1000/0.75/360 = 103$（mm²）。每个板缝设置 1 根直径为 6mm 的钢筋，共 9 根钢筋。

板经过连接传递的剪力配筋：$207.17 \times 1000/360 = 575$（mm²）。用两根直径 22mm 钢筋或工字钢传力，满足要求。

**断面 5**

由于每片墙承受的剪力相同，所以该处每侧楼板直接传给墙的剪力是节点 4 的一半。该处剪力由平面弯曲时的剪力控制。

平面弯曲时的抗剪配筋：$208.58 \times 1000/0.75/360 = 773$（mm²）。配置 9 根直径 12mm 钢筋。

板经过连接配筋传递的剪力。用两根直径 28mm 钢筋或工字钢传力，满足要求。

图 11-21 为楼盖配筋图。

说明：板缝应进行粗糙处理或设抗剪槽键，并灌浆。此外，按剪力墙结构抗拉连接的构造要求，每两块板之间的板缝增配 1 根直径 14mm 钢筋，即 $\phi 14@2.4\text{m}$（小于 3.05m）与板端相同直径的拉接筋搭接（此配筋图 11-21 中没有标出）。

## 11.5.3 有整浇层楼盖

除非建筑位于低抗震设防区，建筑楼盖均应铺设混凝土整浇层，并与预制板形成组合刚性楼盖。整浇层可以采用轻质混凝土或普通混凝土，配筋采用单层钢筋网片或双向钢筋。

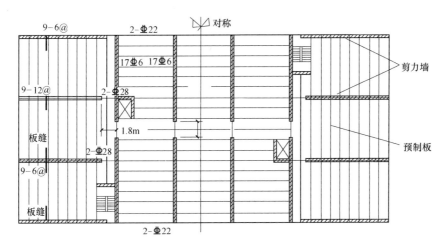

**图 11-21 楼盖抗拉、抗剪配筋构造**

美国 NEHRP 建议计算方法，与无整浇层楼盖方法类似。不考虑整浇层抗弯贡献，平面内弯曲全部由弦杆抵抗，楼板接缝处的剪切强度由整浇层配筋提供，这样设计的结果偏于保守。

Kim Elliott 按英国规范提出的计算方法，考虑了整浇层钢筋和混凝土的贡献。如图 11-22 所示，刚性板宽度为 $B$，整浇层厚度为 $b$。假定混凝土受压矩形应力块的高度为 $0.4B$，双向钢筋网单根钢筋面积为 $A_{s1}$，间距为 $s$，沿长度方向的配筋在离受压混凝土边 $0.6B$ 处以外的钢筋屈服。则有 $A_s = A_{s1}0.4B/s$。那么整浇层抗弯能力为：

$$M = 0.6BA_s f_y = 0.24A_{s1} f_y B^2/s \tag{11-18}$$

$$M = 0.24 f_{cm} B^2 b \tag{11-19}$$

式中：$A_{s1}$ 为单根钢筋面积；$A_s$ 为 $0.4B$ 高度内的全部钢筋面积；$f_y$ 为钢筋强度设计值；$f_{cm}$ 为 $0.4B$ 高度内，混凝土矩形应力块的平均压应力（按我国混凝土规范，$f_{cm} = \alpha_1 f_c$。$f_c$ 为混凝土抗压强度设计值。当混凝土为 C50 以下时，$\alpha_1$ 取 1.0）设计取以上二式的较小值。

根据我国混凝土结构设计规范，整浇层抗剪能力，按高度为 $h$（图 11-22 中板宽 $B$）和整浇层厚 $b$ 计算。则有：

$$V \leqslant 0.7\beta_h f_t bh_0 \tag{11-20}$$

$$\beta_h = (800/h_0)^{1/4} \tag{11-21}$$

式中：$\beta_h$ 为截面高度影响系数，当 $h_0 < 800\text{mm}$ 时，取 $h_0 = 800\text{mm}$；当 $h_0 > 2000\text{mm}$ 时，取 $h_0 = 2000\text{mm}$；$f_t$ 为混凝土轴心抗拉强度设计值。

式（11-18）～式（11-21）适合楼盖跨高比较大的整浇层。实际工程中楼盖的跨高比较小，采用深梁或拉压杆模型更为合理。

【例 11-3】 同【例 11-2】，采用 65mm 厚 C30 混凝土整浇层，配筋采用 HRB400 单层双向 $\phi6@200$ 钢筋网。试按 NEHRP 建议的方法设计带整浇层的刚性楼盖。

设计步骤：

（1）刚性楼盖设计控制断面同【例 11-1】。

（2）求解断面上的力。

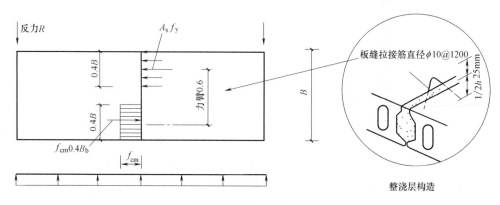

**图 11-22 整浇层受力图**

由于楼盖质量增加 10%，作用在各断面上的水平地震作用在【例 11-1】的结果上，简单地按增加 10%考虑。

（3）连接配筋设计。

**断面 1、2**

弦杆抗拉配筋：$1.1 \times 435 = 479$（$mm^2$）。忽略钢筋网抗拉配筋，将断面 3 的两根 22mm 钢筋延伸至剪力墙。

板缝抗剪配筋：$1.1 \times 2086 = 2295$（$mm^2$）。钢筋网抗剪面积为 $21.6/0.2 \times 28.3 = 3056$（$mm^2$），满足抗剪要求。

**断面 3**

弦杆抗拉配筋：$1.1 \times 637 = 701$（$mm^2$）。采用两根直径 22mm 的钢筋，置于楼盖外边缘①、④轴线处。钢筋伸入两端剪力墙内锚固。

**断面 4、5**

设计将钢筋网伸入墙内锚固，钢筋抗剪承载力：$V = 10.8/0.2 \times 28.3 \times 360 = 550.15$（kN），满足要求。

断面 2、断面 3 节点构造如图 11-23、图 11-24 所示。

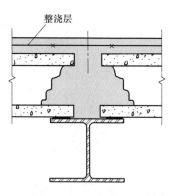

**图 11-23 断面 2 抗剪节点构造**

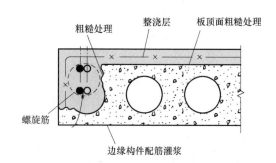

**图 11-24 断面 3 抗拉配筋构造**

### 11.5.4 楼板与剪力墙传力节点设计

上例中采用附加钢筋传递楼板与墙之间的力。在有整浇层的楼盖中，楼板与剪力墙交接处，当墙厚范围内的配筋加上沿墙两侧钢筋混凝土板的抗剪能力满足设计要求时，不需要额外配置钢筋。当以上构造不满足设计要求时，应布置附加连接钢筋以传递拉、压力。将附加钢筋放置在整浇层内或整浇带中。按钢筋布置有以下两种情况：

（1）附加钢筋长度等于楼盖宽度，如图 11-25 所示。假定钢筋布置的有效宽度 $b_{eff}$ 为墙厚度加上墙两侧楼板与墙交接长度的一半。剪力墙处的连接承载力等于 $ab$ 部分抗压、$cd$ 部分抗拉和 $bc$ 部分抗剪之和，即 $C+T+V$。拉、压连接承载力由墙宽范围直接传给剪力墙的 $C_d$、$T_d$ 以及墙外部分 $C_v$、$T_v$ 组成。

（2）附加钢筋长度小于楼盖宽度（图 11-26）。这就需要建立拉压杆模型，确保剪力和弯矩通过变截面 $cf$ 处传递给剪力墙。

对于楼盖凹角和开洞处，可按照拉压杆模型进行配筋。

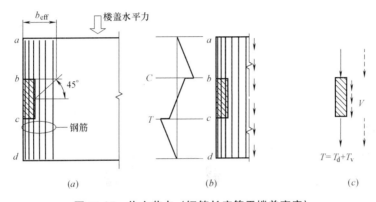

图 11-25　传力节点（钢筋长度等于楼盖宽度）

（$a$）局部平面；（$b$）局部受力；（$c$）墙体受力

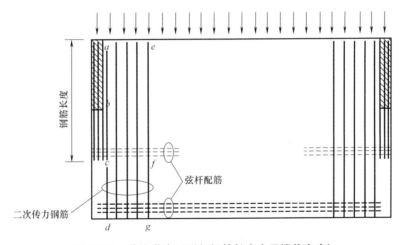

图 11-26　传力节点（附加钢筋长度小于楼盖宽度）

## 11.5.5　空心板有效抵抗截面和开洞

当预制空心板或实心板具有足够扭转刚度，以及剪力能够在楼板间横向传递时，楼板上的集中荷载和分布荷载可以在楼板间分配。楼板的横向传力应由分析或试验确定。美国预制混凝土学会根据大量足尺模型楼板试验数据，给出了关于空心板设计的指导意见，可供设计参考。

最基本的参数是空心板的剪切和弯曲。弯矩设计可以直接按照作为跨度函数的有效宽度考虑。但由于横向传力导致的扭转的作用，剪切设计比较复杂。当不考虑扭转时，直接剪力应考虑扭转效应予以放大。

图 11-27 为任意荷载作用下楼板的有效抵抗截面。在中部有效宽度是跨度 $l$ 的函数，中间楼板取 $0.5l$，边缘楼板取 $0.25l$。在支座处有效宽度是固定值，中间楼板取 1.2m，边缘楼板取 0.3m。支座宽度已经考虑了扭转效应的剪应力影响。采用这样假定的截面可以得出楼板设计剪力和设计弯矩的峰值。也就是说，有效宽度概念是一种简单的确定最大剪力和弯矩的方法，而不是确定实际楼板系统的荷载路径。

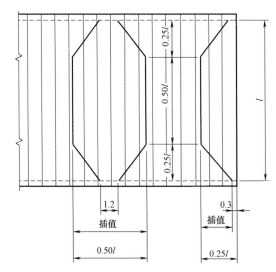

**图 11-27  沿跨度任意荷载作用下的有效宽度**

这个方法的限制如下：

（1）楼板系统宽度相对于跨度越窄，有效宽度就越窄。

（2）对特别大的楼板跨高比（超过50），跨中有效截面宽度应减少 10%～20%。

（3）当跨度小于 3m 时，支座有效宽度变得更窄。

（4）在局部集中荷载作用下，由于变形较小的两侧楼板的支承作用，楼板会产生大的横向弯曲。由于横向无配筋，将导致沿长度方向的开裂。集中荷载较大时，也会导致冲切破坏。设计时应避免以上情况的发生。

有效截面法和传统的荷载分布法有很大不同。传统荷载分布法是将荷载除以宽度进行设计，有效截面法是将荷载由沿跨度方向变化的宽度抵抗。由于需要验算一系列沿跨度方向的截面，因此，它适合采用计算机方法计算。

预制空心楼板开洞应将洞口长边与楼板跨度平行，以减少切断钢筋数量。图 11-28 是几种常见开洞位置，以及按照上述有效截面法建议的有效宽度。

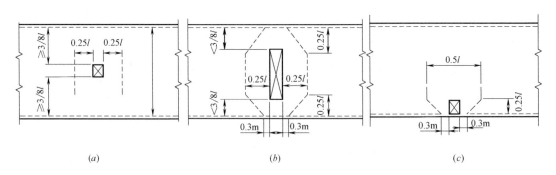

**图 11-28  预制空心板开洞处楼板有效宽度**

图 11-28（$a$）是位于跨中的小开洞。洞口距支座大于 $3/8l$。弯矩由洞口两边 $0.25l$ 宽

的楼板抵抗。此时不需要特别验算均布荷载作用下的剪力。

图 11-28 (b) 是位于跨中的较长开洞。洞口距支座小于 $3/8l$。此时剪力按洞口两侧为自由边考虑。在跨中位置，弯矩由洞口两边 $0.25l$ 宽的楼板抵抗。在支座位置，有效宽度为 $0.3m$。剪力计算时，支座采用减小的有效宽度，以考虑楼板扭转的效应导致剪应力的增大。

图 11-28 (c) 是位于支座处的开洞。剪力计算时，支座采用减小的有效宽度，以考虑楼板扭转的效应导致剪应力的增大。当洞口距支座在 $0.125l$ 或 $1.2m$ 以内时，可以忽略弯曲作用。但是当预应力钢筋的锚固长度不足时，应考虑楼板强度的降低。当有非均布荷载时，剪力计算应按自由边考虑。

## 11.6  Tilt-up 结构设计特点

Tilt-up 建筑系统，是现场预制的混凝土墙板与钢结构屋面共同组成的一种建筑体系。它是一种用于低层房屋的预制装配建筑。

Tilt-up 混凝土墙板是一种长细比较大的压弯构件，用来抵抗风荷载、地震作用和较小的轴向力。设计中必须考虑二阶矩效应（$P\text{-}\Delta$）和结构稳定性。

墙板可以是单片混凝土板，也可以是夹心混凝土板。夹心混凝土板可以设计成非组合受力墙板或组合受力墙板，外墙饰面可根据建筑需要，有各种颜色和图案。

墙板配单层钢筋网（高厚比不大于 50）或双层钢筋网（高厚比不大于 65），当配置双层钢筋网时，应忽略受压钢筋的作用。

整体性要求：①沿结构的周边和结构的纵横向均应设置抗拉连接，以有效地将构件连在一起；②墙板上、下的连接应能抵抗不小于 $5kN/m^2$ 的垂直于墙板的设计荷载。

墙板变形限制：在水平风荷载和竖向荷载作用下，墙高中点的侧向位移不应大于其高度的 $1/100$。

### 11.6.1  结构分析和设计

预制混凝土墙的连接构造决定它的分析模型。采用满足整体式强连接的 Tilt-up 结构，通常按照等效现浇整体混凝土墙考虑，墙中设有伸缩缝处应断开。

结构墙构件分析和设计可以采用商业软件，例如 Structure Point 公司的 spWall 等。

根据加拿大混凝土规范 CSA A23.3，对于墙的上、下均为简支的情况（图 11-29），且当竖向设计荷载在墙截面引起的应力符合下式要求时，可采用弯矩和变形的简化计算法：

$$(P_w+P_t)/A_g<0.09\phi_c f_c' \tag{11-22}$$

式中：$P_w$ 为墙体自重设计值；$P_t$ 为屋盖或楼盖传来的设计荷载；$A_g$ 为毛截面积；$\phi_c f_c'$ 为混凝土抗压强度设计值。

取墙板一半高度处的弯矩进行设计，此处设计弯矩为：

$$M=M_b\delta_b \tag{11-23}$$

式中：$M_b=wl^2/8+P_te/2+(P_w+P_t)\Delta_0$，不考虑 $P\text{-}\Delta$ 效应的设计弯矩；$\delta_b=1/(1-P_f/\phi_m K_b)\geqslant1.0$，弯矩放大系数；$P_f=P_w+P_t$；$w$ 为设计水平均布荷载；$l$ 为墙的净高；$e$ 为顶部竖向荷载偏心距；$\Delta_0$ 为墙高中点的初始变形，取值不小于 $l/400$；$\phi_m=0.75$，考虑施工误差对弯曲刚度的影响；$K_b=48E_cI_{cr}/5l^2$ $[(kN \cdot m)/m]$，为弯曲刚度，$E_c$ 为混

凝土弹性模量；$I_{cr}$ 为截面开裂惯性矩，与配筋 $A_s$ 相关。

具体设计时，先假定 $A_s$ 试算，求得截面抵抗弯矩：

$$A_{se}f_y(d-a/2) \geqslant 设计弯矩 M \qquad (11-24)$$

式中：$A_{se}=A_s+P_f/f_y$；$f_y$ 为钢筋设计强度；$d$ 为受拉钢筋到受压混凝土边缘的距离；$a$ 为等效矩形应力图的高度。

预制混凝土的设计强度，比现浇混凝土可适当提高，以反映较好的工厂质量控制。例如，加拿大混凝土规范允许将混凝土材料系数由 0.65 提高到 0.7。

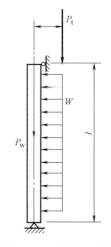

**图 11-29　墙受力简图**

## 11.6.2　结构抗震设计

大多数 Tilt-up 建筑都是一层或两层的混合结构。屋面和楼面采用钢结构承重，建筑周边布置混凝土墙以抵抗地震作用。常见的楼盖系统包括柔性或刚性压型钢板、刚性混凝土组合压型钢板。

由于剪力墙受力较小，一般按"普通施工"（Conventional Construction）方法，不考虑抗震设计构造，所以墙的延性较差。美国和加拿大规范对延性较差的抗震体系，设计时取较大的地震作用。

没有连接的剪力墙在地震作用下的自由变形如图 11-30 所示。墙与基础之间、墙与墙之间都会产生相对位移。显然这种没有连接的剪力墙不适用于抗震建筑。在增加延性钢连接后（图 11-31），多片墙整体工作，地震剪力在墙之间重新分配，并共同抵抗倾覆力矩。

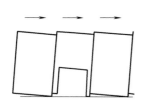

**图 11-30　无连接的剪力墙变形图**

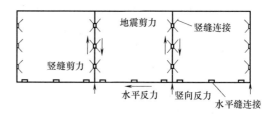

**图 11-31　有连接剪力墙的传力**

虽然这类结构形式在北美大量使用，遗憾的是，目前人们对这种有延性连接的 Tilt-up 墙板抗震性能研究的较少，各国规范也没有给出抗震设计指导。值得欣慰的是，由于屋盖较轻和剪力墙在抗震方面的优势，这类建筑的震害并不严重。

## 11.6.3　常用预埋件和连接节点

墙板之间的板缝尺寸，对于小于 6m 高的墙板，板缝宽度为 12mm；对于大于 6m 高的墙板，板缝宽度为 20mm。墙的制作偏差一般小于 3mm。墙和基础之间的缝隙一般为 25~50mm。

根据不同地区的习惯，连接构造多种多样。图 11-32 所示是加拿大常用的标准 Tilt-up 节点（源自 CSA 混凝土设计手册，2012）。这些节点构造也同样适用于三文治外墙。

**1. 墙板和基础的连接**

墙板与基础的连接可以直接从墙内伸出钢筋，或在基础预留插筋，还可以将预埋件连

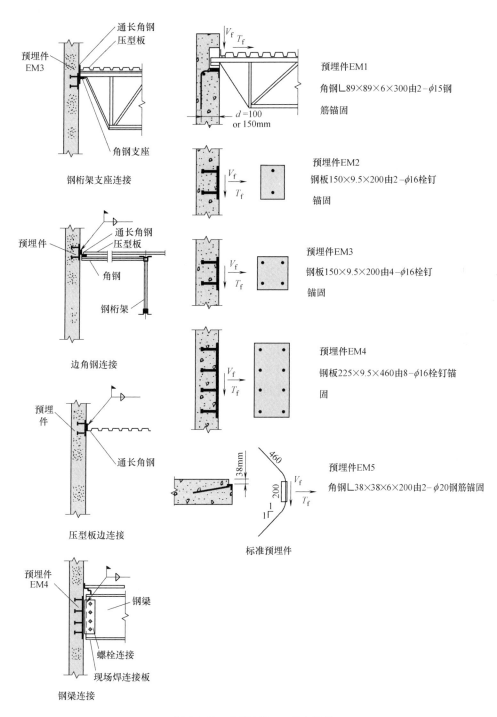

**图 11-32 典型 Tilt-up 节点构造**

接板焊接，或现场钻孔机械连接，水平缝处采用灌浆处理。

**2. 墙板之间的连接**

墙板之间的竖缝连接，通常采用钢筋焊接或钢板搭接焊。为了避免由于收缩引起的连接处开裂，也可以不设连接。当设计必须设置连接时，连接板宜有一定的延性，而且焊接应在大部分收缩完成以后。

由于剪力墙是由多个独立墙板连接起来的矮墙。当墙和基础没有可靠的抗拉连接时，剪力墙的底部延性弯曲较难以实现。因此，该结构体系的抗震设计，应当采取较小的结构延性地震作用折减系数。

**3. 墙板与屋面/楼面之间的连接**

所有墙板与屋面/楼面之间的连接，均采用简支节点。节点仅传递剪力和轴力。

## 11.7 结构连接材料

混凝土、钢筋、钢材、套筒灌浆连接，浆锚搭接、预埋件和焊接、螺栓、栓钉等结构连接材料，以及外墙板接缝处采用的密封材料等，均是建筑常用材料，应符合现行规范和技术标准的要求。

在构件之间连接的缝隙处，当无法浇筑混凝土时，需要灌浆填缝。灌浆有防火、防锈要求，有美观要求，有的则是受力要求。

灌浆材料一般有水泥砂浆、无收缩浆料和环氧浆料。水泥砂浆一般用于空心板连接灌浆。大的缝隙灌浆一般需要支模，狭小的空隙可以采用压力注浆。减少用水比例，能减小砂浆收缩和提高强度。干硬砂浆用于墙的水平缝时，可以达到很高的强度。当处于冻融环境时，应采用加气砂浆。环氧砂浆有极高的强度，而且能在 $2\sim3h$ 内强度达到 $40N/mm^2$。常用于插筋注浆。由于它的热胀系数是混凝土的 7 倍，对防火墙的连接则不适用。环氧材料作为胶粘剂，用于混凝土、钢材和木材的连接。使用不收缩高强砂浆时，要注意厂家说明书的适用范围。

钢结构连接应根据暴露环境，进行防腐处理，包括刷防锈漆、镀锌以及采用不锈钢材料。

墙板可以搁置在垫板上，然后进行灌，也可以直接搁置在新鲜的灌浆材料上，构件定位由事先搁置的垫片调整。当使用钢垫板时，在注浆前应移除垫板。

灌浆应在不低于温度 5℃ 的环境下进行。外加剂能增加强度和早凝，但使用要谨慎。禁止使用氯化钙外加剂。

垫片是承重构件之间常用的元件，包括氯丁橡胶、叠层钢氯丁橡胶、叠层纤维橡胶、叠层合成纤维、特氟龙材料垫片，以及多聚合物塑形条带和加压纤维板条带，要按产品说明选用。

# 12　预制混凝土装配车库的结构设计

预制混凝土车库类似于以建筑形式和按建筑规范建造的轻型桥梁。它们都受到动力荷载作用、极端的温度变化、气候作用、融冰盐氯化物侵蚀（北美寒冷地区道路和露天车库采用撒盐化冰）或近海环境侵蚀。车库不需要空调暖气，但需要良好的采光、通风和楼面排水。由于它的功能需求，使得它在结构设计方面与其他建筑有一些不同之处。在北美混凝土规范中，均对混凝土车库设计有特殊的规定。本章针对预制混凝土车库的特点进行介绍。

## 12.1　车库结构特点

### 1. 耐久性要求

耐久性是车库设计的重要因素。预制装配车库比现浇混凝土车库具有更好的耐久性，被广泛应用于气候寒冷的地区。在寒冷地区和近海环境条件下，当混凝土暴露在氯化物和潮湿环境时，要求混凝土水灰比要低，设计混凝土强度要高，还要有很好的密实性。预制预应力混凝土梁、板一般采用高性能混凝土（High-Performance Concrete）。它是加气混凝土，具有低水灰比（<0.4）、高强度（>C35）、高密实性和早强的特点。许多预制车库建筑，采用的混凝土强度等级大于C35，水灰比0.35，加气量6%，这样的配比能满足耐久性要求。车库常用的预制双T板在使用中，其预应力配筋远离化学侵蚀，不需采取额外措施。但在受融冰盐侵蚀的区域，钢筋应采用环氧钢筋，钢筋附件也要有环氧涂层。钢结构连接应镀锌或环氧喷涂。根据气候需要，也可以采用不锈钢材料。混凝土保护层的厚度不小于35mm。对暴露于室外但不受融冰盐影响的区域，混凝土保护层厚度不小于25mm。

设计考虑的耐久性要求包括：混凝土质量、楼面密封涂层、楼面排水、裂缝控制、钢筋保护层、施工缝和控制缝的嵌缝胶。

楼面排水需要找坡，可在预制板上部铺设混凝土整浇层实现。板缝处容易开裂，建议在所有板缝处整浇层位置设置裂缝控制槽，并填充弹性密封胶。整浇层厚度不小于50mm。有融冰盐时，楼面整浇层厚度不小于75mm（钢筋保护层50mm）。

双T板的面层也可以在工厂预制，与结构板组合在一起，具有更好的质量和耐久性。

寒冷地区和近海环境车库应考虑以下因素：

(1) 采用高质量、加气、高强混凝土。轻质混凝土和再生混凝土要很少使用。

(2) 排水坡度不小于1%。设计应考虑楼板拱起的偏差。

(3) 根据暴露环境，钢板应镀锌或环氧喷涂。翼缘焊接件应镀锌或冷涂锌涂料。

(4) 最小混凝土保护层厚度。预制混凝土为35mm，现浇混凝土为50mm。

(5) 施工缝和控制缝处采用高质量密封材料。

（6）楼面铺设密封涂层。

（7）日常维护和维修。

**2. 体积变形**

车库建筑构件常年暴露在室外环境中，受温度影响，它的变形较大。预制构件间的连接一般采用柔性节点，允许结构通过节点释放由于收缩或膨胀导致的应力和开裂。此外，由于预制构件早期的收缩和徐变在安装前已经完成了绝大部分，所以预制混凝土车库具有比现浇混凝土车库更优越的性能。装配完成后的结构主要通过连接调节温度变化带来的体积变形。

尽管如此，当结构平面较大时，仍要按规定设置温度伸缩缝。伸缩缝处的构件应能够自由变形，以释放结构中的温度应力。

**3. 保养和维修**

由于长期暴露和气候作用，特别是寒冷地区和融冰盐氯化物化学作用下，车库楼面出现裂缝、混凝土剥落、钢筋锈蚀等现象十分普遍。项目完成后，预制承包商应给业主提供一份建筑的定期保养和维护手册，包括结构维护和维修、节点密封胶的检查与替换等详细说明。

为了便于协调管理和提高效率，建议业主和承包商之间签订设计＋建造＋维护合同。

## 12.2 结构设计

重力框架-剪力墙结构是最常见的车库结构体系。刚性楼盖将水平力传给剪力墙，剪力墙再将水平力传给基础。柱子承受竖向荷载，梁作为简支构件设计。预制混凝土车库建筑应满足结构整体性要求。车库典型结构布置平面（局部）如图 12-1 所示。

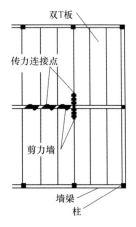

图 12-1 典型车库
平面（局部）

刚性楼盖作为抗震系统，应按照剪力墙屈服时地震作用进行弹性设计。坡道应尽量设置在中部，并作为单独的刚性单元进行设计，它可以不参与侧向力的传递。为减少结构温度变形的影响，剪力墙应尽量布置在中间位置。

预制混凝土装配车库与其他装配建筑类似，设计应考虑以下三种情况：

（1）工厂生产和运输。设计考虑这个阶段的生产和起吊荷载，并做好吊装预理和配筋，此项通常由预制生产单位负责。

（2）现场安装和临时支撑。设计应对安装荷载进行验算，并做好临时支撑需要的预理。

（3）使用阶段的结构设计。包括结构体系设计、构件设计和连接设计。

预制装配车库也有其独特的地方。一般车库预制件长而重、结构构件暴露、在整浇层和连接完成之前需要临时支撑、施工场地狭小等特点。

车库一般是多层建筑，需要大的跨度，构件长度达 18m。考虑构件的生产和运输，结构构件要做到长度最大化。

柱子牛腿、L 梁和 T 梁的节点，都会产生偏心，应验算偏心导致的扭转。

墙体之间以及墙体与楼板之间的温度体积变形，常常导致使用过程中围护结构的破坏等问题。因此，必须采用允许变形的柔性节点设计。

典型剪力墙抗侧力结构体系车库设计如图 12-2 所示，设计步骤如下：

（1）确定横向和纵向风和地震作用的大小和位置 $W_x$、$W_y$。

（2）确定每片剪力墙刚度和楼层剪切刚度中心位置。

（3）将剪力和扭矩按刚度在剪力墙之间分配。

（4）按分配的剪力确定每片墙的弯矩。设计剪力墙水平连接节点，以抵抗弯曲拉力和轴力。

（5）确定刚性楼盖的荷载、弯矩和剪力，坡道作为独立单元设计。

（6）确定刚性板平面内弯矩产生的边缘构件弦杆内力。

（7）设计刚性楼盖节点，能够传递弦杆内力、平面内剪力和楼盖与剪力墙之间的剪力。

（8）竖向构件的抗震设计应考虑楼盖单元的变形。有多个刚性楼盖单元时，每个变形单元的变形可以相同，也可以相反。

（9）所有通过刚性板提供稳定性的构件，应通过连接共同抵抗外力。

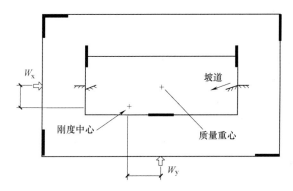

图 12-2　剪力墙结构平面布置及受力

## 12.3　构件设计

### 12.3.1　楼板

图 12-3 所示是车库常用预制板形式，包括单 T 板、双 T 板、四 T 板。它们预制时可以带面层，也可以现浇面层。无整浇层的楼板应采用焊接机械连接，楼盖分析模型中的弦杆拉力，由 0.6～1.0m 宽配筋整浇带承受。

由于楼板接缝处往往会有开裂，因此在楼板预制面层的接缝处必须用弹性胶密封。当采用整浇层时，要在预制板接缝处设置控制槽并用弹性胶密封，以控制裂缝的发展（图12-4）。

楼板平面起拱产生的偏差在车道应不大于 6mm。设计应考虑楼板标高的差异，安装时还要通过垫片进行调整。

T 形板楼盖设计有以下特点：

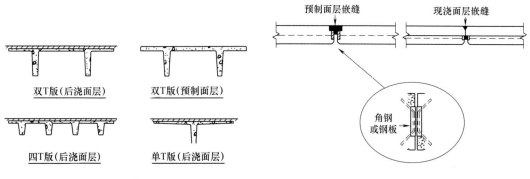

图 12-3　车库常用预制板　　　　　　　图 12-4　预制板接缝构造

（1）一般预制板肋支承在支座上的高度会减小，此处需要专门配筋和构造。支座处预埋钢板，支承长度通常不小于 100mm。支承设计应考虑预制板制作和安装偏差，并考虑结构长期变形要求。

（2）当有车辆荷载时，预制 T 板翼缘和组合整浇层应按抗剪和抗弯设计。整浇层配筋应满足受力要求，并将车轮荷载扩散。

（3）翼缘板缝处会有沿长度方向的开裂。这些裂缝不会随着时间恶化，也不会影响结构强度。但当裂缝贯通后，就需要及时修补和嵌缝。

（4）翼缘节点设计应对一个车轮作用下的荷载进行验算。当采用整浇层时，翼缘节点连接间距一般 2.5～3m；车道板处采用预制面层时，一般为 1.2～1.8m。考虑刚性板平面内荷载的传递，节点连接的间距会更小。

（5）楼板翼缘接缝处的开裂不可避免。如果这些裂缝不处理，就会对结构有伤害。一般在预制板接缝处设置控制槽，并用弹性胶密封，以避免渗漏和融冰盐引起的损坏。

（6）楼板在支座处的连接严禁采用焊接。与支承构件的连接应在翼缘处（图 12-5）。

（7）考虑到耐久性要求，构件优先采用普通混凝土材料。

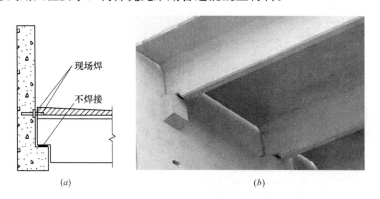

（a）　　　　　　　　　　　　　（b）

图 12-5　楼板与外墙梁节点

## 12.3.2　墙梁和 T 梁

车库周边的墙梁构件的扭转必须在支座处抵抗，节点设计应考虑扭转的平衡。为了减少墙梁牛腿支座的扭转效应（图 12-6a），T 板也可支承在墙梁靠近剪切中心的开洞支座上（图 12-6b）。

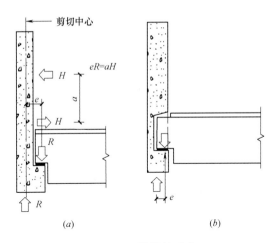

图 12-6 墙梁的受力

预制 T 形或 L 形预应力混凝土梁是常用的类型，可以提高净空，增大跨度。

预制混凝土梁设计有以下特点：

（1）梁的支座处应专门配筋和构造。

（2）考虑整浇层与梁的组合受力。整浇层作为翼缘的有效宽度，通过跨越裂缝控制槽的横向配筋保证。

（3）安装楼板时，应考虑梁单侧受力的偏心情况。必要时设置临时支撑和连接，控制梁的扭转。

（4）应考虑构件的受扭配筋。

（5）较高的墙梁构件可按深梁设计。

（6）墙梁在楼层处与楼板连接，包括楼板提供侧向支撑（图 12-7a）和楼板提供竖向及侧向支撑（图 12-7b）。

（7）墙梁与柱子的偏心会在柱子中产生弯曲。安装过程中，对柱子应提供临时支撑（图 12-7c）。

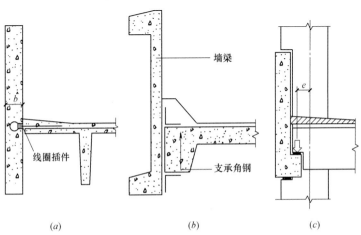

图 12-7 墙梁节点

### 12.3.3 柱

图 12-8　预应力预制柱

一般车库柱子按整个车库高度预制，高度达 30m，这给运输和吊车安装带来挑战，例如，拉斯维加斯八层车库预制柱子高度为 25m。另一个挑战是柱子的长细比。起吊和运输过程中，长细比过大容易产生裂缝。此时，柱子可以施加轴向预应力控制弯曲开裂。图 12-8 所示是在车间预制的一根柱子，它采用细直径预应力筋，预应力水平大约为 $3N/mm^2$。

## 12.4　连接设计

连接设计包含节点设计和构件端部设计。车库构件的连接可参照第 11 章介绍的方法进行计算，并按照我国现行规范进行设计。

对构件端部设计，在梁、柱/墙和梁、板之间的牛腿铰接节点，一般采用拉压杆模型（图 12-9）；在墙水平缝连接处，一般采用钢筋套筒灌浆方式。节点应力在构件端部逐渐扩散。

构件端部设计遵循以下原则：

（1）忽略钢筋保护层作用。

（2）考虑构件制作和施工误差，不小于 15mm。

（3）简支梁在支座处的转动按 0.01rad，垫片设计应考虑此因素。

（4）节点部位设置抗剪箍筋，以防止如图 12-10 所示的受压开裂。

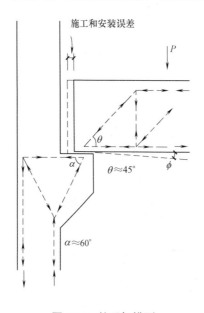

图 12-9　拉压杆模型

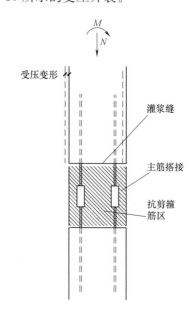

图 12-10　受压开裂区

## 12.5 典型节点连接构造

节点设计对预制装配车库至关重要。节点设计应允许构件在寿命期内多次产生设计允许的位移。这可以通过合理选择节点类型和合理布置节点连接来实现。允许构件在节点移动，远比完全限制它的移动更节约造价。螺栓套筒和限制滑移型连接是常用的可移动式节点。钢板或角钢作为连接件可以实现连接的屈服，避免产生更大的内力。限制移动的节点，使得当位移过大时，避免了焊接或螺栓连接的破坏。

图 12-11 所示是部分车库典型节点连接的构造。

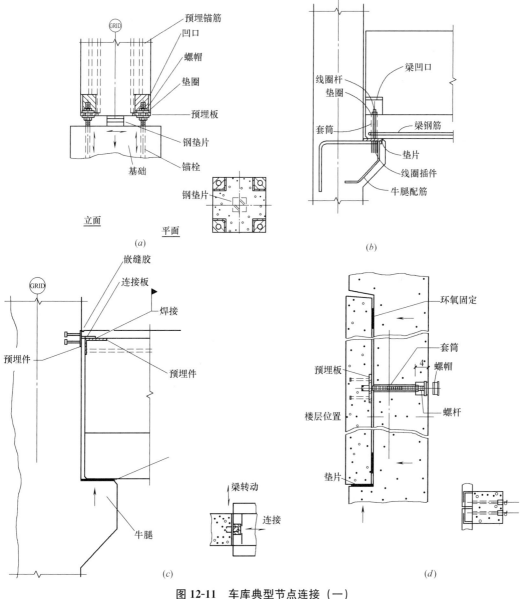

**图 12-11 车库典型节点连接（一）**

（a）柱-基节点；（b）梁-柱节点 1；（c）梁-柱节点 2；（d）墙梁-柱节点

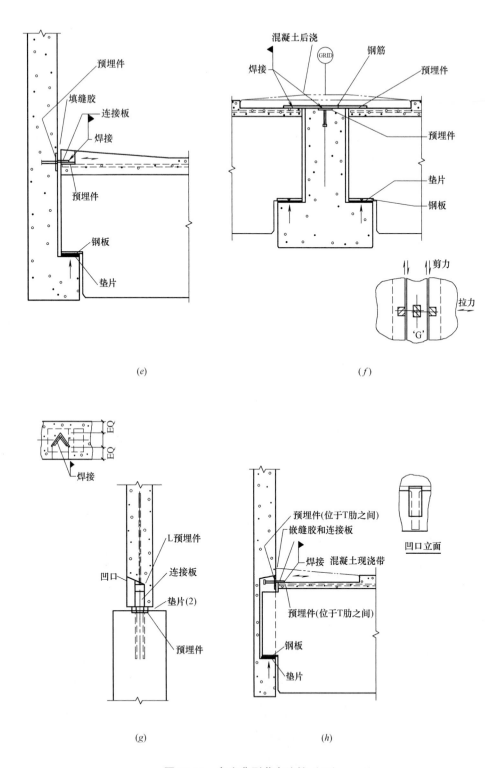

图 12-11　车库典型节点连接（二）

（e）楼板-墙梁节点 1；（f）楼板-T 形梁连接；（g）墙-基础节点；（h）楼板-墙梁节点 2

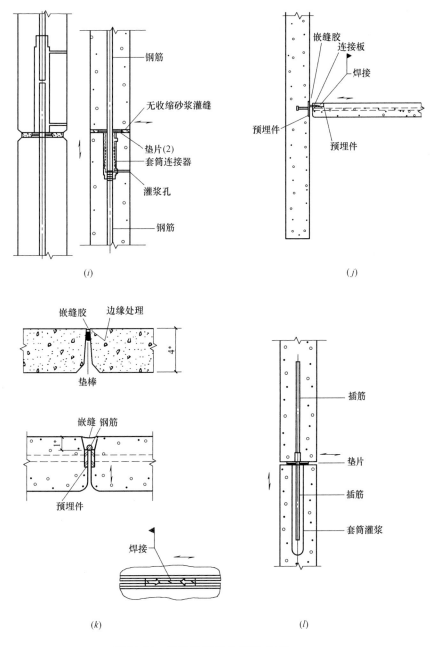

**图 12-11 车库典型节点连接（三）**

（*i*）墙之间节点 1；（*j*）楼板边缘与外墙节点；（*k*）楼板节点；（*l*）墙之间节点 2

图 12-12～图 12-15 所示是某 6 层全预制混凝土装配车库连接的实例图片。

该车库设计采用重力框架-剪力墙结构体系。纵、横剪力墙对称布置在中央车道两侧，抵抗水平荷载。开洞纵墙（密柱）分段安装，竖缝处不设机械连接。重力框架沿建筑周边布置，剪力墙水平缝处分段灌浆连接。

楼面采用双 T 板，铺设混凝土整浇层。楼面排水采用结构找坡。梁、柱、板、墙之间的节点均为不传递弯矩、不灌浆的干连接。

图 12-12　中央坡道处横墙和开洞纵墙节点

图 12-13　开洞纵墙（密柱）与楼板节点

图 12-14　坡道四周外围结构布置

图 12-15　柱、梁、板节点

图 12-16～图 12-19 所示是一个正在施工中的 4 层全预制混凝土结构车库连接的实例图片。

该车库设计采用重力框架-剪力墙结构体系。上部结构构件包括预制混凝土梁、板、柱、楼梯。水平力由布置在车库中心的工字形剪力墙承担。

楼面采用双 T 板，板缝间设置预埋连接，铺设混凝土整浇层。梁、柱、板之间的节点均为不传递弯矩、不灌浆的干连接。

车库中心的工字形剪力墙上预留牛腿，以支承预制大梁以及预制双 T 板。剪力墙全部采用可拆卸式干连接，竖向缝采用角钢螺栓连接，水平缝采用预留钢板焊接，并采用结构浆料灌缝。工字形剪力墙的两个翼缘分别由 4 块墙板组成，腹板部分由 4 块墙板组成。

图 12-16　施工中的四层全预制混凝土装配车库

图 12-17　完成就位的工字形剪力墙

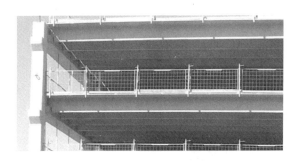

**图 12-18　完成就位的梁、柱和楼板（局部）**

**图 12-19　完成就位的外墙立面（局部）**

所有带牛腿的柱子均在工厂预制，长度从基础至屋面，没有现场连接节点。

现场对称安排两部吊车（另一部图中没有显示）同时施工，以加快施工进度。预制构件运至现场后，直接安装就位，避免了二次搬运。

图 12-20～图 12-25 所示是某 5 层预制钢-混凝土混合结构车库连接的实例图片。

该车库设计采用重力框架-钢支撑结构体系。上部结构构件包括预制混凝土梁、板、柱、楼梯。柱间支撑和屋面采用钢结构。纵、横方向各设置 8 根柱间斜撑，采用工字钢，对称布置在车库平面四周内跨之间，抵抗水平荷载。

楼面采用双 T 板，板缝间设置预埋连接，铺设混凝土整浇层。梁、柱、板之间的节点均为不传递弯矩、不灌浆的干连接。

**图 12-20　柱间支撑**　　　　　　　　　**图 12-21　楼面结构找坡排水**

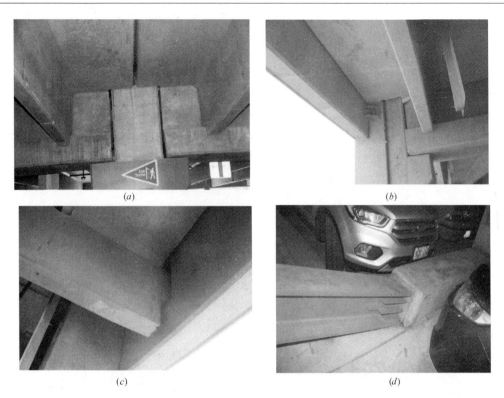

图 12-22　柱、梁、板、斜撑节点

（a）中柱位置；（b）边柱位置；（c）墙梁位置；（d）斜撑下端位置

图 12-23　内庭及坡道曲面栏板

图 12-24　轻型钢结构屋面

图 12-25　车库外立面

# 13 预制装配建筑的技术管理

## 13.1 项目参与各方及责任

### 13.1.1 项目参与方及合同关系

一个预制混凝土项目，从开始设计规划到项目竣工交付，建设单位需要与以下参与各方发生合同关系：

（1）施工管理。代表业主负责施工管理的单位或个人。

（2）预制承包商（设计-建造服务商）。负责预制建筑设计、制作和安装的企业。实际工程中，一般为制造商，是总承包商下面的预制分包商。

预制工程师是由预制承包商聘用的混凝土预制专业技术人员，可以是内部或外部有丰富专业经验的注册工程师。

（3）设计顾问。为预制承包商或制造商提供设计服务的企业。

（4）制造商（生产商）。按设计顾问、预制工程师或预制总承包商要求进行构件生产的企业。

（5）总承包商。项目施工总承包。负责协调包括土建、预制、机电等分包的工作。

需要注意的是，对于 Tilt-up 建筑，一般总承包商和预制承包商、制造商是一个企业。合同采用设计-建造合同。

预制装配建筑项目的实施，应从建筑方案阶段介入。主要有三个阶段：设计、制作和安装。项目实施流程如图 13-1 所示。

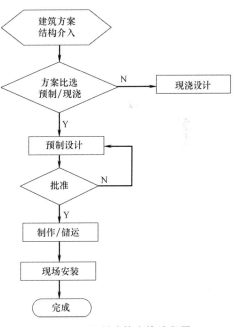

图 13-1 预制建筑实施流程图

### 13.1.2 项目参与方责任

制造商作为预制承包商时，项目各参与方责任和分工见表 13-1。

预制装配建筑参与方的责任 表 13-1

| 序号 | 工 作 | 责 任 |
|---|---|---|
| 1 | 建筑和结构设计、预制构件设计要求 | 设计顾问（与制造商分工） |
| 2 | 构件制作、连接设计 | 制造商（与设计顾问分工） |

| 序号 | 工 作 | 责 任 |
|---|---|---|
| 3 | 生产、搬运和安装的荷载和设计 | 制造商 |
| 4 | 预埋件施工 | 制造商 |
| 5 | 构件运输 | 制造商 |
| 6 | 安装、连接和灌浆 | 制造商 |
| 7 | 安装顺序 | 制造商/有时设计顾问指定安装顺序 |
| 8 | 建筑嵌缝 | 总包商 |
| 9 | 建筑饰面 | 制造商 |

**1. 业主**

业主在项目初期就要确定是分别采用设计、施工（制作＋安装）合同，还是设计-建造合同。前者要求预制施工企业，按照设计文件对预制产品进行制作和安装。后者要求预制总承包商，按业主/设计顾问要求，完成预制部分设计文件、制作和安装。业主聘用的设计顾问也有两种合作方式：一种是负责完成预制设计文件，供施工单位使用。第二种是负责提出预制设计要求，以便项目预制承包商完成进一步设计工作。设计顾问负责对预制承包商完成的设计进行审查。

不管采用何种合同方式，即使整个结构由预制工程师完成设计，设计顾问都要对结构侧向稳定性和相关的连接负责。合同条款要求业主/设计顾问提供荷载和设计准则，以便预制承包商使用。

**2. 设计顾问**

设计顾问的角色，随着业主聘用或其他方聘用而变化。如被业主聘用，设计顾问应负责各个参与单位之间的分工和协调。设计顾问和预制工程师之间的分工和责任必须清楚界定，而且要保持良好的沟通和协调。如被预制承包商聘用或被制造商聘用，设计顾问应负责其成果满足当地法规要求。

当预制装配结构安装需要考虑稳定性时，合同文件必须说明谁负责设计临时支撑，以及何时拆除。临时稳定支撑设计应由注册工程师完成。设计顾问的审查责任仅限于临时设计对最终结构的整体性的影响。

要特别注意预制结构和其他结构之间的相互影响。设计顾问在设计中应考虑这些因素，包括施工期间的临时荷载。

**3. 预制承包商**

预制承包商的角色就是按图施工。但当采用设计-建造合同时，设计和施工质量必须得到保障。所有设计必须由设计顾问的注册工程师申报。生产厂家的责任也应明确，一般加工详图由制造商负责。如果制造商具备相应资质和能力，整个预制设计也可以由制造商完成。

当制造商仅负责预制构件设计时，设计顾问应提供构件的荷载和受力，包括约束条件。制造商完成构件图纸设计、材料、工艺、误差，并满足安装要求。所有与预制设计相关的专业都应密切合作，包括建筑、结构、机电、消防等。

设计顾问应对预制承包商提交的构件加工详图和其他文件及时审查。

#### 4. 制造商

制造商应安排预制工程师及时与设计顾问联系，理解设计要求。制造商按设计图纸完成构件加工详图。为了适应生产和安装需要，当制造商对原设计有修改时，应附上修改资料供设计顾问审查和批准。工程进行中，制造商与设计顾问应密切沟通，并同时知会预制承包商。

在北美，预制生产企业都是预制混凝土学会（PCI）的成员，并严格执行建筑师学会（AIA）认可的工厂证书计划（Plant Certification Program）。许多地方政府组织也认可这个证书计划。它是通过制造商在生产过程和质量控制方面满足或超过行业标准来衡量。工厂通过受过专业训练的技术人员执行质量控制计划，并在各个方面满足全面的、学会认可的质量管理体系。质量控制人员必须获得预制混凝土学会关于人员质量控制计划的技术认证。工厂每年至少进行两次没有事先通知的审计，每次审计一般需要两天时间，审计工作由 PCI 指定专家执行。审计内容覆盖生产的所有阶段，包括加工图、材料、生产工艺、运输、储存、外观、检验、档案、质量控制、人员培训和生产安全。美国预制混凝土学会，是被美国建筑官员委员会（Council of American Building Officials）认可的质量保证和检查机构。业主或设计顾问都会在项目文件中包括预制混凝土学会质量保证要求。

#### 5. 总承包商

总承包商负责预制承包商现场安装施工的协调和管理。包括施工组织计划、预制承包商与土建分包、机电分包之间的协调等。一般来说，总承包商与设计顾问以及制造商之间没有合同关系。

## 13.2  设计管理

### 13.2.1  概述

预制混凝土建筑的设计是一个互动的过程。包括建筑设计、结构设计、构造详图、加工和安装。由于参与项目的单位众多，各个单位的工作内容和责任需要在合同中清楚划分。

一般设计分为以下几个阶段：方案设计、初步设计、施工图设计和施工管理阶段。在传统设计中，各个阶段均不需要担心结构的整体性问题。但对于预制建筑，这个问题就需要在方案阶段加以考虑了。有些在施工管理中的问题，例如管线和面层等都要在初步设计之前解决。由于预制承包商和设计人员在施工安装时，已经将预制建筑系统的协调工作完成，所以可以有更多时间解决其他问题。

预制装配建筑设计实践，在北美各地虽有不同，但不管在哪里都必须遵守当地法规。业主聘用设计顾问单位，设计顾问指定注册工程师对设计文件负责。设计文件经过政府部门批准后，作为施工合同文件。一般注册工程师还要检查施工过程，以确保建筑成品符合当地法规要求。

设计顾问工程师和预制工程师在责任方面虽然有些冲突，但必须清楚界定。虽然从法律和合同角度来讲，设计顾问工程师对整个项目的设计承担最终责任，但预制单位工程师作为专家，在预制产品方面的经验至关重要。在实践中，常常会出现一个设计单位在一些项目上担任设计顾问，同时在另一些项目上担任预制生产顾问的角色。有时候业主会聘用同一个设计单位，既作为设计顾问又作为预制顾问。

在设计文件还没有完成之前，业主希望多一些选择方案。当业主确定采用预制装配建造方案为主时，应聘用有预制经验的设计顾问。当设计完成后，如施工单位提出采用部分预制替代方案，则必须由当地注册工程师完成。而原设计顾问仍然负责审核替代方案，并报相关部门批准。另一种常用合同是设计-建造方式。业主直接要求预制承包商负责预制工程设计。预制承包商可以安排自己的注册工程师或聘用设计顾问单位完成设计。有些时候，制造商可以担任预制承包商的角色。在预制承包合同确定后，设计修改合同将在预制承包商和设计顾问之间订立。在这种情况下，业主一般会聘用一家设计顾问对预制承包方的设计进行审查。多数情况下，制造商是预制承包商的分包。只要设计文件足够完整，多数制造商乐意承担构件加工详图的设计。加工详图设计工作一般由预制工程师完成，当设计图纸中表明节点受力时，制造商就能够完成节点和连接设计的任务。

当地相关部门可能在没有完成全部预制图纸的时候，批准设计图纸，以便项目开工。这种情况下，预制设计图纸一般在后期随施工详图一起上报，申请政府主管部门批准。尽管预制设计图纸由制造商的注册工程师签字盖章，但不能减少设计顾问注册工程师对图纸的审查责任，以确保预制图纸满足荷载要求，以及各专业间协调。

### 13.2.2 预制混凝土装配结构的设计文件和图纸要求

装配式混凝土建筑需要设计、施工和生产的密切配合。设计单位提供设计图，施工单位提供安装图，生产单位提供生产加工图。因为是由几家单位分工合作，因此图纸和设计应有明确分工。通常预制生产单位又负责施工安装。设计、生产和施工也可以是一家预制承包单位。

**1. 装配式建筑结构设计图纸内容**

除了对设计图纸的一般要求外，装配式建筑的结构设计图纸还要包括：

（1）明确预制承包商或制造商的设计内容和责任。明确设计准则和荷载、变形、误差、防火等要求，作为构件和连接的设计依据。明确材料、规范、预制结构的水平抗力系统。

（2）尺寸标注齐全。包括开洞、预埋，以满足厂家准备制作详图。

（3）明确预制构件的支承、被支承和连接关系。

（4）预制构件面层处理的结构要求。

（5）对预制构件或结构的非标准制作偏差要求。

（6）预制件承受的荷载、连接节点位置和节点反力。

（7）设计平面刚性楼盖时，应注明板上的外力和剪切作用力。

（8）结构在预期荷载作用下的变形（变形会影响到预制构件的设计和连接）。地震作用下的变形应分开标示。

**2. 安装图纸内容**

装配式建筑的安装图纸由预制承包商（一般是制造商）准备，并由设计单位审查批准。预制承包商提交资料包括安装图、安装计算书和安装说明。安装施工图纸应包括：

（1）预制件的平面、立面、位置和尺寸。

（2）连接、预埋件、开洞等位置和责任方。

（3）连接件和预埋件详图说明，以及提供方。

（4）现场锚固件的位置。

（5）安装顺序、临时支撑等。

**3. 制造加工图纸内容**

制造商按照设计文件和安装图准备加工图纸，并由业主（指定设计顾问）批准后，方可实施。制造商提交的资料包括加工图、计算书、引用标准详图和加工说明。加工图应包括：

（1）构件节点连接、预埋大样、吊点位置和预埋大样。

（2）构件位置、立面、尺寸、形状、截面、开洞、支承条件和配筋等。

（3）建筑对节点、图案、饰面等要求。

（4）制作偏差。

（5）储存、搬运、吊装、运输的考虑。

## 13.3 生产管理

在北美预制混凝土制造商需要获得预制混凝土学会（PCI）的证书。这个证书规定了企业对预制构件的生产能力、经验和质量保证。此外，对特殊的项目还需要企业提供过往的类似成功经验。

### 13.3.1 预制生产企业管理部门

一个预制生产企业一般设有以下部门：

（1）生产部。车间生产成本管理、质量管理、进度管理、安全管理、成品入库管理、发放管理、统计管理、仓库管理、设备管理、采购管理。

（2）销售部。市场销售、市场调查、市场分析、客户管理、售后服务、车辆调度、供应管理、资金回收。

（3）技术部。原材质量控制、过程质量控制、成品质量控制、出厂质量控制、施工现场技术服务、工程投标技术服务、生产技术培训、技术文件管理。

（4）财务、行政等辅助部门。

明确各部门和部门人员的岗位职责，建立健全各项规章制度，各种机械设备操作规程。

### 13.3.2 生产企业生产车间和设备

生产企业的车间主要包括：模具车间、钢筋及钢结构预埋件加工车间、混凝土搅拌站、构件制作车间、成品堆放等。预制生产线包括空心楼板生产线、墙板生产线和其他构件生产线。墙板生产线主要设备包括：1）周转平台。2）地面支撑轮和模台驱动轮。3）摆渡移位车。4）控制系统。5）脱模剂喷涂机；6）模台清扫装置；7）布料系统；8）震动平台；9）侧脱模系统；10）PC部品养护库；11）存取和搬运设备等。

### 13.3.3 构件生产方案

项目开始生产前，应制定预制构件生产方案。方案内容包括：

（1）生产计划；

（2）生产工艺方案；

（3）生产模具方案；

（4）生产人员组织；

（5）生产质量控制措施；

（6）预制构件堆放与运输方案。

### 13.3.4 构件生产工艺

构件生产工艺有以下几个环节：

（1）加工图纸准备：包括构件详图和模具图。在构件外观尺寸确定后就可以准备模具图、构件详图包括模板图、配筋图、预埋等，须经设计工程师审查批准后，方可生产。

（2）模具加工：考虑模具的通用性和重复性。

（3）备料：钢筋、混凝土、预埋件、外饰面、门窗型号等。

（4）绑筋预埋：按构件详图中的配筋、预埋件定位等完成钢筋工程。

（5）混凝土浇筑：按设计混凝土的标号、质量和数量要求浇筑。

（6）脱模和养护：在混凝土达到脱模、起吊强度（设计强度75%）后，按预埋吊点起吊，放入养护室进行养护。

（7）成品堆放：按构件编号、楼号、层号、轴线等安装要求，标注构件。

（8）成品质检：检查合格，发放合格证。

（9）构件配送：考虑车辆宽度及载重要求，配备专用构件运输架。

### 13.3.5 质量保证措施

质量保证通过以下措施实现：

（1）制造商的设备和生产线取得预制混凝土学会（PCI）工厂证书计划的认证。

（2）制造商的技术人员取得预制混凝土学会（PCI）工厂证书计划的技术等级认证（分为1、2、3级）。

（3）预制承包商取得预制混凝土学会（PCI）现场证书计划的认证，或指定制造商的合格技术人员监督安装过程。

（4）制造商的加工依据是合同文件。加工合同资料包括建筑图纸、结构图纸，以及设计说明。制造商按设计图纸和安装图纸准备构件加工详图。经业主代表（设计顾问）批准后，方可进行生产。

（5）生产企业应按规范要求：①对材料进行试验，并保留试验报告以便业主代表检查；②对产品进行检验，并出具生产合格证书；③满足防火要求，满足构件面层的设计要求。

预制构件的运输和交付应满足项目合同对安装的进度要求。每个构件应按照设计区分、并配合安装进行标注。对安装有特殊要求的构件要单独标出。现场运输和安放条件应在合同中明确。包括回填、压实、排水、除雪等，以便制造商的运输卡车和吊车展开工作。

当预制件运达工地后，除非另有说明，制造商不再对其负责。

## 13.4　施工管理

### 13.4.1　施工组织计划

施工组织计划对项目的成功至关重要。许多项目的设计由预制承包商负责，这对设计和施工协调十分有利。如果可能的话，施工组织设计尽量在建筑设计期间进行。建筑师、设计工程师和施工技术人员共同讨论施工条件的限制对构件尺寸、连接构造、建筑饰面、和施工临时支撑等方面的影响。

施工组织设计的技术部分包括：

（1）熟悉设计图纸和说明。

（2）安排施工网络进度计划。以图表形式直观表达施工步骤、顺序、工期和每个任务所需要的人力、材料和资源。

（3）现场施工总平面布置。要考虑汽车吊、塔吊和运输车辆的进出通道。

（4）安全施工要求等。

### 13.4.2　预制构件安装步骤

在安装前，业主和总包商应对预制安装单位提出以下要求：

（1）基础、柱垛和墙体的现浇混凝土，以及砂浆强度应达到75％抗压强度，或足够强度支承预制混凝土构件的安装荷载。

（2）按设计顾问指令对不合格锚栓进行维修、替换和修补。

（3）安装预制混凝土构件之前的结构工程，应由相关部门进行验收合格。

安装步骤包括：

（1）现场准备完成，安装施工条件具备。包括定位、放线、预留与主体结构和基础连接的预埋件。

（2）按照构件安装顺序编号进行施工。有以下步骤：

a. 安装连接件、角钢和垫板；

b. 放置预制件，调整安装偏差定位。必要时设置临时支撑，以保证构件就位的稳定和对齐；

c. 完成螺栓、焊接后，进行灌浆填缝，并移除临时垫板；

（3）待连接和构件形成的结构达到设计要求后，拆除临时支撑。

至此，预制承包商的工作就完成了。经验收合格后，将施工成果交付给总包商，以便进行内装修、机电、设备等安装工作。

预制承包商和制造商，都不对其他分包商要求的预制件封堵、开洞和修改负责。这些修改信息应由业主协调，在构件制作前提交给制造商。

总承包商有责任告知所有分包商未经设计顾问许可，不得切割预制件。

安装承包商或制造商应对预制件的修补负责。修补应符合设计对饰面和颜色的要求。安装承包商和制造商，对预制件一般提供不到一年的质量保修期。

### 13.4.3 预制装配结构的施工验收

国外是按结构图纸和技术说明进行验收。我国是按设计图纸和现行施工规范进行验收，包括现行国家标准《混凝土结构工程施工质量验收规范》（GB 50204）、《钢结构工程施工质量验收规范》（GB 50205）、《建筑装饰装修工程质量验收规范》（GB 50210）等。

预制混凝土装配结构尚应提供下列文件和记录：

（1）工程设计文件、预制件制作和安装的深化设计图。

（2）预制构件、主要材料及配件的质量证明文件、进场验收记录、抽样复验报告。

（3）预制构件安装施工记录。

（4）钢筋套筒灌浆、浆锚搭接连接的施工检验记录。

（5）后浇混凝土部位的隐蔽工程检查验收文件。

（6）后浇混凝土、灌浆料、坐浆料强度检验报告。

（7）外墙防水施工质量检验记录。

（8）装配结构分项工程质量验收文件。

（9）装配工程的重大质量问题的处理方案和验收记录。

（10）装配工程的其他文件记录。

业主和设计顾问对安装质量有任何特殊要求，都应在合同中规定。否则，施工将按照出厂要求和最经济、最有效的步骤进行。安装完成后，应对完成的部分，按混凝土结构子分部工程进行验收，对垂直度、水平度、对齐度和紧固件进行验收，任何不符合，要立即通知安装单位进行整改。

预制构件的质量检验是在产品合格的基础上进行进场验收。外观质量全数检查，尺寸偏差按批抽样检查。

装配结构的连接点是现场验收的重点之一。施工时应做好记录，提前制定有关试验和质量控制方案。对套筒灌浆连接和钢筋浆锚搭接连接灌浆质量、钢筋焊接或机械连接质量，可通过模拟现场制作平行试件进行验收。

装配构件的安装偏差，按我国行业标准《装配式混凝土结构技术规程》（JGJ 1—2014）规定执行。

# 第 3 篇　全预制装配结构体系建筑工程案例

# 14 全预制钢结构体系建筑工程案例

## 14.1 英国全预制钢结构体系建筑工程案例

在 20 世纪初期，大量的预制装配式建筑开始在英国出现。其原因是第一次世界大战后在英国出现了巨大的建筑市场需求，而传统的建造方式受限于建造时间与建筑熟练工人无法在较短时间内完成如此大量的房屋建造。战争造成的巨大损坏，以及传统建造方式的低产量，为预制装配式建筑这种新兴建筑形式的出现与发展提供了良好的土壤。

二次世界大战结束后，英国房屋建造跨部门委员会（the U. K. Interdepartmental Committee on House Construction）在 1942 年成立，该委员会的成立对英国预制装配式建筑特别是模块化建筑的发展起到了卓越的贡献。

模块化建筑在英国的应用地点主要集中在人口稠密的大城市。模块化建筑以其高效的劳动生产率、极短的施工时间、良好的结构性能以及安全的施工环境等优点，在该类地区受到了极大的欢迎。

英国主要的模块单元生产商一共有四家，同时也有更多的厂家致力于制造临时建筑模块。因此，尽管为了满足 20 世纪 90 年代末不断增长的需求已经进行了扩张，但市场对设计、生产和供给的基础设施仍有急切的需求。

当客户对建造速度和投资回报时间要求很高时，更希望在项目中使用模块化建筑技术。然而，在保障性住房建设中也有明显的趋势采用模块化建筑体系，因为其同时具有建设速度和规模经济的优点，而且还能减少在拥挤的城市场地中对周边环境的影响。

标准模块化单元的最佳尺寸由交通运输限制来决定。一般来说，五层以内的建筑可以被设计标准单元（即相同的模块单元可以用在各个楼层而不需要被加强化）。而对高层模块而言，可以附加一些结构强化构件。

### 14.1.1 维尔士大学的学生公寓项目

在居住建筑领域采用模块化建筑体系的一个重要案例，是在 1994 年完成的位于加地夫的维尔士大学的学生公寓。这栋四层的建筑物是由奥雅纳设计、Trinity 模块科技公司合作建设。整栋建筑可提供 64 套公寓供学生使用。建筑外墙采用了传统的砖石材料，屋顶采用了传统的坡屋顶，因此从建筑外观上本项目与采用传统工艺建造的房屋并无区别。本项目现场施工时间仅为 4 个月，充分满足了大学管理方对工期的要求。同时由于在工厂可控环境中生产，建筑质量良好且便于维护，本项目也广受各方好评。

整栋建筑共使用了 80 个三维模块。其模块单元采用自承重钢结构体系，由钢板墙和外覆压型金属面板的冷弯型钢框架组成，可满足高达 12 层楼建筑的承载力要求。模块角部设有连接件，在现场通过螺栓即可方便地进行连接。同时，在楼层标高处相邻模块之间均设有水平连接板，以加强整个模块建筑的整体性。由于模块建筑体系在设计和制造时已充分考虑了隔声和防火构造，模块墙板的隔声能力达到52dB，最大耐火时间可达3h。单个房间模块的尺寸为2.4m宽、3.5m长、2.6m高，在工厂完成了所有的集成安装。建筑模块的内部装修也采用了模块化的概念，包含坐便器、淋浴间、洗脸盆和相关附件的卫生间玻璃钢模块子单元单独制造完成，再整体安装至房间模块中。集成好的建筑模块整体运送到施工现场，经过检查和确认后进行现场的起吊和安装（图14-1～图14-4）。

项目信息：

业主单位：Director of Estates，University of Wales College of Cardiff

建筑设计：Gale，Stephen，Steiner

结构设计：Ove Arup & Partners

承包商：Mowlem South West

模块供应商：TMT

图14-1　维尔士大学的学生公寓

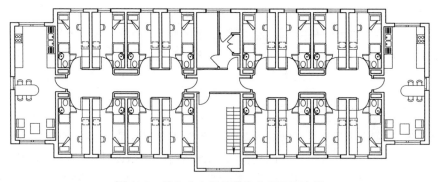

图14-2　维尔士大学的学生公寓平面布置

### 14.1.2　莫瑞街住宅项目

由皮博迪信托公司（Peabody Trust）在2000年完成的莫瑞街住宅项目（Murray Grove），在英国非常具有代表性。作为英国第一个全模块建筑项目，此项目为一栋五层楼住宅，共30套公寓，每一套公寓都是由两个预制模块组成，模块尺寸均按照卡车车厢

图 14-3　维尔士大学的学生公寓现场模块安装

图 14-4　维尔士大学的学生公寓内部布置

的最大尺寸设计。所有房间由钢结构模块组成，均已安装了门、窗以及主要的内装饰材料和构件，整个建筑的建造精度犹如汽车制造一般严谨。

1998 年由约翰·伊甘爵士（Sir John Egan）主持的英国政府建设工作组提出了"Rethinking Construction"的理念，这一工作组旨在加速建筑业的现代化进程，尤其是对于面向社会大众的住宅建筑。莫瑞街住宅项目很好地体现了这一理念，成为英国高度预制的模块化建筑领域的领军项目。莫瑞街住宅项目位于伦敦哈克尼区（Hackney），主体为一栋五层公寓，沿莫瑞街和薛普迪斯街（ShepherdessWalk）街角展开呈 L 形布置（图 14-5～图 14-12）。业主是 Peabody Trust，他们希望修建一栋有趣的建筑，能同时满足居住条件舒适、安装维护成本低、现场施工速度快等方面的要求。建筑作为住宅主要针对的客户人群是那些无力承担贷款，但又不满足于保障性住房的年轻服务人员。建筑师 Cartwright 和 Pickard 设计了这栋五层的建筑，总共包含了 30 套公寓。设计者将建筑布置在基地周边，从而围合出了一个包含 3 个停车位的院子，获得了较大的公共空间。在街角入口处，电梯和楼梯的交通核被设计成一个标志性的圆形塔楼，连接两侧的公寓部分。

图 14-5　莫瑞街住宅项目

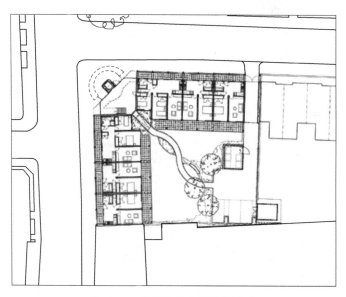

图 14-6　莫瑞街住宅项目总平面

　　圆形塔楼的围护体系采用了曲面穿孔铝制幕墙，使其呈现出半透明的建筑立面效果。尽管模块安装好后本身是稳定的，设计师仍然在模块外部布置了不锈钢对角支撑，以提高结构的整体稳定性。

　　外立面采用了夹式陶土砖，使其表面材质和立面颜色与街道周边其他建筑相协调。陶土板通过外挂连接到模块上，专门设计的干式竖向和水平连接节点保证了陶土板的安装精度，并且可以使用建筑外廊进行安装而不需要专门的脚手架。靠庭院一侧外立面主要采用了红杉木材质。尽管陶土砖和红杉木具有类似的红色，但不同材料的选择似乎反映了开放的家庭性质的庭院与保持更为封闭状态的街道之间的区别。外走廊采用了预制混凝土板，一端通过螺栓与建筑模块连接，另一端由布置在建筑外侧的圆形钢柱支撑，钢柱之间设置了穿孔铝制栏杆。

图 14-7　莫瑞街住宅项目外围护系统

图 14-8　莫瑞街住宅项目立面

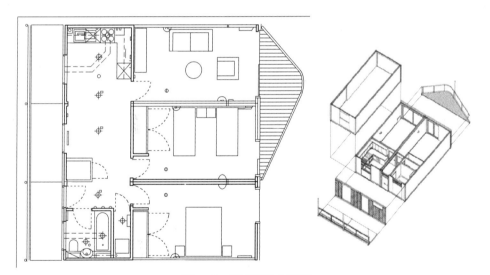

图 14-9　莫瑞街住宅平面

　　L 形公寓以圆柱形入口为界分为两侧，两侧每层都包含了三套公寓。公寓采用了由 yorkon 公司生产的 3.2m 宽的房间模块 [8m（长）×3.2m（宽）×3m（高）]。每个完整的房间均由单个模块构成，两个模块形成一个一居室的单间，三个模块形成一个两居室的套间。每个卧室或起居室的内部尺寸均为 5.15m（长）×3m（宽），每个模块在端头均设置有厨房或者浴室。厨房和浴室之间的空间被用作入户通道和小型用餐区域，而对于包含两个卧室的套间，中间模块的端头剩余空间被设计成了扩大的开敞性厨房的一部分。公寓的室内空间得到了良好的设计，公寓入口、卫生间及厨房面向街道，为了保证整体隔声效

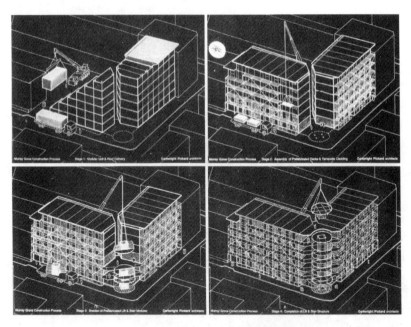

图 14-10 莫瑞街住宅现场吊装施工示意

图 14-11 现场模块吊装　　　　图 14-12 莫瑞街住宅室内布置

果，面向街道的墙体仅设置了最小尺寸的入户门和厨房、卫生间的小窗；而起居室及卧室则面向内层，并与一个相当大的三角阳台相连，可以俯瞰整个安静的庭院。由钢结构和混凝土板组成的三角形阳台基本就是入户外走廊的三角形版本，配备了同样类型的半透明穿孔铝栏杆和小钢管柱。

　　建筑面向庭院的整个立面大量布置了滑动玻璃门和通高玻璃窗，以达到通透的建筑效果。街道一侧精确的模块排布与庭院一侧大面积采用的玻璃材质形成了鲜明的对比，模块之间的连接节点采用了雪松盖板来遮盖。外墙采用了轻钢框架和 78mm 厚的外墙板组成：外墙板最内侧为石膏板，中间为镀锌钢龙骨和填充的保温层，外侧为支撑赤陶土面板的二次框架。公寓模块顶部的倾斜屋顶是一个独立的轻钢结构模块，在建筑立面上表现为由波纹金属板构成的深檐。

莫瑞街住宅项目采用了完全相同的整体轻钢框架模块，其整体在工厂预制组装，通过卡车运输到现场，并用吊车安装就位。通过模块之间的堆叠以及角部的连接（类似于海运集装箱）使其形成完整的结构。每个模块内部的装修均已完成，包括管线、厨卫设备、门窗、地毯等部品部件均在工厂安装完毕。其圆柱形楼梯塔、外部连接阳台、单斜面屋顶均为工厂预制。

工厂预制的公寓房间模块保证了建筑质量，模块拼装的建造方式提高了施工速度，而大量建造则使项目更加经济。包含传统的管道和基础施工，以及建筑模块安装在内，整个现场施工周期仅为 7 个月。使用的建设材料经过保温隔热隔声的处理，使得项目最后达到的标准远远超出了现行规范的要求。与此同时，莫瑞街住宅区的总体布局紧凑实用，转角的处理凸显了建筑群的标志性，模块组合方式以及立面材质的设计使得建筑外观整齐而不单调，整个设计激发了高度工业化建筑的设计美感，为居民创造了优美典雅的居住环境。

整个公寓模块部分的建筑面积为 2150m²，造价为 1015 英镑/m²，每套公寓的平均造价为 77800 英镑，相对当时的传统建造方式而言，造价提高了 5%。

当 2006 年建筑杂志调查本项目的运作情况时，他们发现项目业主和终端居住者对项目的满意度均超过了预期。公寓经理的报告中提到："本财政年度前十个月中支出的维修、对于腾空的公寓的翻新和大型家电更换的费用为 7000 英镑。"而相同规模的传统公寓的年维护费用通常为 34400 英镑。（数据来源：Building Cost Information Service）

项目信息：

业主：The Peabody Trust

总承包商：Kajima UK Engineering

模块供应商：Yokon

建筑设计：Cartwright Pickard Architects

结构设计：Whitby, Bird and Partners

机电设计：Engineering Design Partnership

工程造价：The MDA Group

## 14.1.3 伍尔弗汉普顿学生公寓项目

伍尔弗汉普顿学生公寓项目位于伍尔弗汉普顿中心城区北部的铁路干线附近，建筑面积为 2.5 万 m²，包含三栋多高层学生宿舍楼单体-A 楼、B 楼和 C 楼，A 楼建筑层数为 25 层，B 楼和 C 楼建筑层数为 10 层和 8 层，A 楼在当时为世界上最高的模块化建筑。三栋建筑单体的基础或首层采用现浇混凝土建造，上部公寓房间则采用了模块化技术完成（图 14-13～图 14-17）。最高的 A 楼部分楼层使用了悬挑模块来营造建筑立面局部凹进的效果，以削弱高层建筑的体量感。8 层的 B 楼和 C 楼首先建造完成。建筑外立面根据不同高度采用了不同的做法，在底部楼层外立面采用砌块砌筑而成，而上部楼层则均采用了由保温隔热材料和复合面板组成的轻质外围护体系，这些围护构造被直接固定在建筑模块的外表面上。

图 14-13　伍尔弗汉普顿学生公寓立面

图 14-14　伍尔弗汉普顿学生公寓项目

图 14-15　伍尔弗汉普顿学生公寓
项目模块吊装施工

图 14-16　伍尔弗汉普顿学生公寓
项目外立面施工

　　本项目建筑模块的结构体系由 150mm 高的槽钢和 60mm×60mm 的方钢管密柱组成。模块承载墙中方钢管柱的中心间距为 600mm。A 楼由于建筑高度较高，因此其下部模块的方钢管柱采用了较大的截面。模块楼板采用混凝土浇筑而成，所有的竖向荷载都是通过模块楼板传递到模块墙体，然后通过墙体向下传递；水平荷载则通过另外设立的现浇混凝土核心筒来抵抗。模块之间的连接通过在模块角部和侧面间隔布置的连接点完成。本项目的模块体系的新颖之处在于将内部走廊集成到了建筑模块的内部，使得建筑模块的数量和种类得以减少，同时还可以创造一个封闭的环境，从而防止运输和安装过程中对模块内部完成面的污损。本项目的模块尺寸最大为 4m（宽）、8m（长），长度方向包含了一条 1.1m 宽的走廊。典型的卧室尺寸为 2.5m（宽）、6.7m（长）。

项目的现场安装从 2008 年 10 月底开始，最先安装的是 C 楼的模块。在安装 A 栋的模块时，由于建筑高度较高，现场使用了 30 吨级的塔吊完成模块的吊装。模块的制造偏差为±5mm，而现场相对于地面的安装偏差为±10mm。现场模块安装的平均速度为 7.5 个模块/天。完成 C 楼所有模块的

**图 14-17 伍尔弗汉普顿学生公寓项目室内布置**

现场安装仅用时 6 周，A 栋模块的现场安装用时 3 个月。整个项目地上部分的现场施工周期为 15 个月，相对于传统混凝土建筑而言缩减施工周期达 40%。同时项目现场工人数量（包括管理人员）从传统建造方式的 200 人减少为 52 人，人工需求降低了 70%。同时现场产生的建筑垃圾的数量相对于现场建造方式削减了 95%。

项目信息：

业主：Victoria Hall Ltd

总承包商：Fleming Construction

模块供应商：Vision modular Systems

建筑设计：O'Connell East Architects

咨询工程师：Bailey Johnson Hayes（业主方）；

Barret Mahoney Consulting Engineers（供应商）

## 14.2 美国全预制钢结构体系建筑工程案例

自第二次世界大战以来，钢铁行业已经进行了长期的尝试，希望利用技术和生产力大批量的生产便宜的住房。加州的艺术与建筑杂志在 1944 年 7 月发行了预制专刊。Charles Eames 论证了如何通过大规模工业生产来供应廉价的住房。艺术与建筑杂志随后宣布了"案例研究之家"计划，最后形成了如今加州著名的 Eames 住宅。2000 年之后，建筑工人的稀缺、环境保护的重视以及新兴建筑技术的发展，促使美国的模块式建筑进入了一个快速发展的时期。模块式建筑成为除现场施工建筑外的另一大选择。美国的模块化建筑能够很好地满足不同用户的个性化需求，并且相较传统建筑，模块式式建筑的施工质量与制造精度更高，这使得模块式建筑在住宅领域受到了极大的欢迎。2001 年开始，模块化建筑在美国逐渐得到应用，12% 的年建造增长率，使得模块化建筑成为美国房屋市场中增长最快的建筑形式。模块化建筑技术在美国已得到广泛的应用，尤其在经济适用房和经济型酒店领域。在美国共有接近 800 万单层模块单元，为近 1300 万美国人提供了住房。现在，在美国每年 120 万套的新增房屋中，约 75% 为传统建筑方式建造，预制装配式建筑的市场份额为 25%，其中模块化建筑的市场份额占预制装配式建筑的 30%。

美国的公路运输规定决定了典型的模块宽度 14 英尺（4.26m）、最大长度为 60 英尺

(18.3m)，一般模块化房屋由 1～3 个模块组成。采用模块化建筑体系的住宅的出厂价比按传统方式建造的同规格的房屋少 40%～50%。到模块化建筑完成现场安装准备交付时为止，通常会比传统建筑便宜 20%～30%。模块化房屋一般坐落在单独的场地中，与传统方式建设完成的房屋并没有什么区别。

## 14.2.1 大西洋广场 B2 地块模块化住宅项目

位于纽约迪恩街的大西洋广场 B2 地块模块化住宅大楼建成于 2015 年，是目前世界上最高的大体量模块化建筑，该项目由美国 Forest City Ratner Companies 和中国绿地集团共同开发。大楼主要的建筑功能是出租型住宅公寓，共有 363 套公寓，其中约 50% 的房源作为经济适用房提供给中低收入人群，首层为公寓大堂以及配套的零售服务空间。大楼总建筑面积约 32000m²，地面以上最高 32 层，地下 2 层，大屋面建筑高度为 95.1m。

整个大楼共包含 930 个模块，标准层被分割成 36 个模块，其中一室公寓采用一个模块，单卧室单元采用两个模块，双卧室单元采用三个模块。模块在工厂预制，包括机电系统安装和基本的室内装修，最终运送到现场吊装拼接（图 14-18～图 14-24）。

(a)                      (b)

**图 14-18　大西洋广场 B2 地块模块化住宅大楼效果图**

受公路运输条件限制，模块最大尺寸不能超过 4.5m（宽）、15m（长）和 3.2m（高）。本项目为出租公寓，客厅尺寸需求一般为 4m 宽左右，因此设计时尽量将模块控制在宽 4.2m 以下。受施工现场吊车起吊重量限制，单个模块的最大重量为 24t，最小重量为 7t。

地下室及基础采用混凝土结构。首层采用普通钢框架结构，作为上部模块结构的底盘。单个模块采用带斜拉杆的方钢管桁架或空腹方钢管桁架结构。楼面结构由钢檩条、压型钢板、水泥基板、弹性隔声垫层和木地板组成。模块净高为 2.59m。模块采用全钢体系，自重相当于同样条件下混凝土无梁楼板体系结构的 65%，大大减轻结构自重的同时，减少了下部基础结构用量。

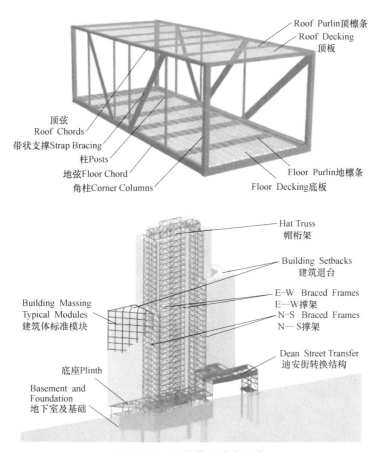

**图 14-19  结构体系构成示意**

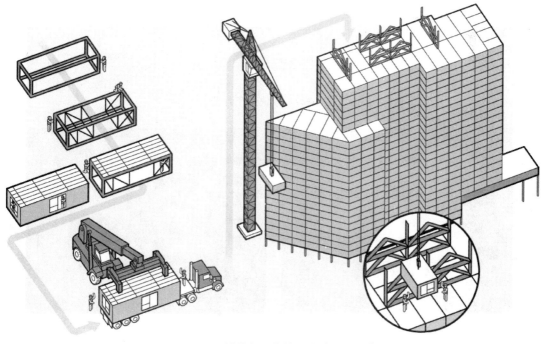

**图 14-20  模块化结构体系建造流程示意**

模块顶板作为水平刚性楼板传递水平荷载，结构主要的抗侧力体系通过在结构的两个主方向上设置支撑框架，与模块连接形成框架支撑体系，屋顶采用帽桁架连接，模块仅承受竖向荷载。结构采用了一组两个 100t 的双向质量调谐阻尼器来改善风荷载作用下结构的舒适度问题。模块间连接按照纽约规范的要求进行了抗连续倒塌设计。

模块的制造分为两部分，模块钢骨架由弗吉尼亚州的 Banker Steel 制造，制造完成后运输至布鲁克林海军造船厂的 FCS 模块化工厂，完成剩余的建筑、设备、幕墙组件安装工作直至室内装修完成。模块制作好后，最外层包裹防水透气保护膜，并运送至施工现场。安装完成一层共 36 个模块，仅需要 3 天时间。

项目信息：

开发商：Forest City Ratner Companies；Greenland Group（绿地集团）

建筑设计：SHoP Architects

结构及机电设计：ARUP

机电顾问：Skanska

岩土工程：Langan

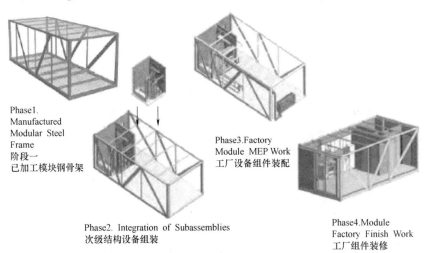

Phase1. Manufactured Modular Steel Frame
阶段一
已加工模块钢骨架

Phase2. Integration of Subassemblies
次级结构设备组装

Phase3.Factory Module MEP Work
工厂设备组件装配

Phase4.Module Factory Finish Work
工厂组件装修

图 14-21　模块生产流程

*(a)*　　　　　　　　　　　*(b)*

图 14-22　模块工厂生产

194

图 14-23　现场吊装　　　　　　　　　　　图 14-24　室内完成效果

## 14.2.2　Domain Apartments 服务式公寓项目

Domain Apartments 服务式公寓位于美国加州旧金山湾区的圣何塞。圣何塞是加利福尼亚州西部城市，地处圣弗朗西斯科湾南的圣克拉拉谷地，临凯奥特河，西北距旧金山64km，人口 948279（2009），为美国第十大城市。

公寓包括 5 栋 4 层楼的模块建筑，以及会所、泳池、停车场等配套设施，总建筑面积为 481569 平方英尺（约 44739m²），是西海岸地区规模最大的模块化建筑，建造时间总共耗费 609 天。公寓户型包括带三个卧室的平层套间、带 1～2 个卧室的 2 层叠层套间，以及带三个卧室的三层叠层套间。公寓租金随卧室数量不同而不同，一卧室房间公寓运营商为住户提供各种便利的服务设施以及社交平台（图 14-25～图 14-29）。

图 14-25　Domain Apartments 公寓街拍

本项目共包含 485 个模块，现场施工时间仅占总体施工时间的 2%。开发商选择采用模块的建造方式，主要是因为模块建造速度快，可以大大节省项目整体开发周期。对于租赁型公寓而言，可以使租户提前入住，从而使得运营商能快速收回开发成本。

项目信息：

业主：Equity Residential

总承包：PALISADE BUILDERS

模块供应商：Guerdon Modular Buildings

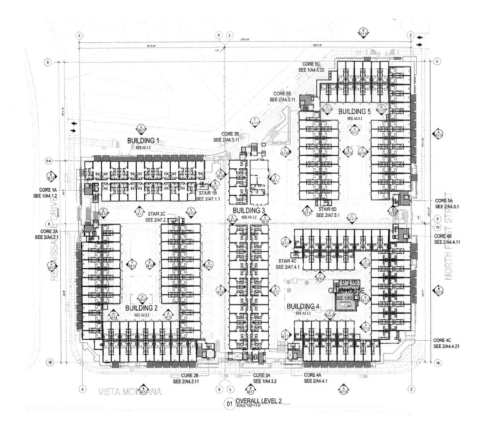

图 14-26　Domain Apartments 公寓平面布置

图 14-27　Domain Apartments 公寓内院公共空间

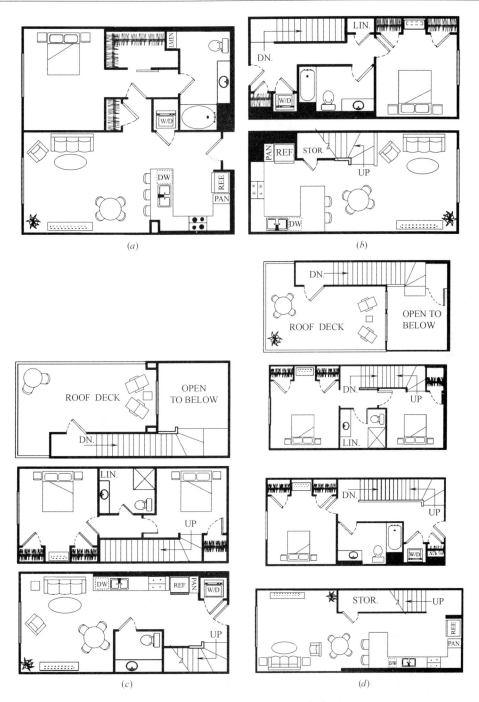

**图 14-28　Domain Apartments 公寓户型**

(*a*) 单卧室平层套间；(*b*) 单卧室叠层套间；(*c*) 两卧室叠层套间；(*d*) 三卧室叠层套间

## 14.2.3　纽约 Stack 公寓项目

位于美国纽约的 Stack 公寓是一个钢/混凝土组合模块建筑（图 14-30～图 14-32）。本项目于 2013 年建成，总建筑面积 38000 平方英尺，约合 3530m$^2$，地面以上共 8 层。由于

图 14-29 Domain Apartments 公寓室内布局

纽约城区的高住宅密度，项目要求尽可能缩短工期，同时要求建造时对周围环境的影响降到最低。模块化建筑很好地满足了这些要求。

建筑模块在外部工厂制造完成后整体运送到现场，然后安装在底部的钢结构框架上，形成组合体系。建筑模块的设计原则是尽可能的简单、高效。本项目创新性的采用普通的基础建材来建造模块建筑，尽可能提高材料的利用效率，并适应模块化建设流程的要求。本项目共需要制造、运输和安装 56 个建筑模块，模块的尺寸和重量由运输条件和吊装器械规格决定。模块供应商开发了新的模块连接节点构造，使得建筑模块可以吊装到定位插销的位置，然后再用螺栓连接或者焊接就位。连接节点位于容易施工的部位，以最大限度的减少对已完成的内部墙面和天花板的影响。

本项目购买模块费用 540 万美元，建造费用 730 万美元。总工期 20 个月，其中工厂制作模块时间 4 个月，建造时间 12 个月。与传统方案相比，本项目节省造价 10%，节省工期 25%。

项目信息：

业主单位：Deluxe Building Systems；

(a)

(b)

图 14-30 Stack 公寓街拍

建筑设计：Gluck＋；

模块供应商：Stack Modular

图 14-31　Stack 项目工厂模块制造

(a)　　　　　　　　　　　　　　　　　(b)

图 14-32　Stack 项目现场吊装

# 14.3　加拿大全预制钢结构体系建筑工程案例

### 14.3.1　Cathedral Town Courtyard 住宅项目

Cathedral Town Courtyard 住宅项目位于安大略省马克汉姆市，是上部为五层的四合院式住宅建筑，采用全预制装配轻钢结构（图 14-33～图 14-45）。下部为两层现浇混凝土地下室车库。项目包括地面以上 103 个住宅单位和位于首层的 12 个商业单位，总建筑面积约为 2 万 m²。本项目计划 2019 年初开工。

上部五层结构采用由 ISPAN 公司生产的全钢结构装配式轻钢结构体系，这个体系的墙体均采用 152mm 厚的轻钢龙骨墙（Steel Stud Wall）作为竖向承重墙或填充墙。外墙龙骨内嵌保温材料，内贴防火石膏板，外饰面采用 90mm 厚的面砖。内墙的轻钢龙骨两

(a)

(b)

图 14-33　Cathedral Town Courtyard 住宅项目效果

侧采用防火石膏板。承重的轻钢龙骨墙仅作为竖向承重结构构件，不作为水平力抵抗系统考虑。其竖向承载能力按照龙骨槽钢的间距确定。楼盖体系采用由间距为 1200mm 的轻型槽钢小梁（Joist）支承的混凝土组合压型钢板（满足防火要求）。该槽钢小梁高度有203mm、254mm、305mm 和 356mm 几种，其承载力按照楼面布置间距和跨度确定（厂家有设计表格供选用）。

钢结构的防火是建筑设计的难点之一。该体系轻钢结构墙体的防火，是由安装在轻钢龙骨两侧的石膏板提供的。对防火要求较高的墙体，采用两层石膏板防火。楼盖结构的防火是由安装在槽形小梁底部的石膏板吊顶提供的。对防火要求较高的建筑，特别是高层建筑，加拿大一些城市要求必须同时采用防火能力较高的压型组合楼板。这些构件均通过加拿大 ULC（美国 UL）机构的防火认证。

结构水平抗力系统由布置在楼梯、电梯周围的、采用压型钢板作为模板的现浇混凝土剪力墙提供（Form Wall）。采用钢小梁承重、胶合板面层和石膏板吊顶的楼盖防火等级达到 2h，隔声满足建筑要求。

这种体系的特点是结构自重小，构件类型少（墙体的轻钢龙骨承载力由龙骨间距决定。槽钢小梁的承载力根据不同跨度通过调整其间距实现），安装方便。

地下室两层车库采用现浇混凝土无梁楼盖，首层采用 650mm 厚的转换板。通过现浇厚板，实现住宅和车库之间的功能转换。

工程信息：

建设方：King David Inc.

建筑师：Turner Fleischer Architects

结构设计：Soscia Professional Engineers

钢结构制造商/安装商：iSPAN Systems

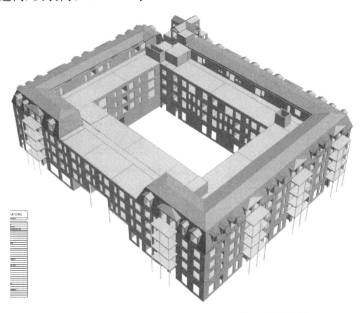

**图 14-34 Cathedral Town Courtyard 住宅项目轴侧**

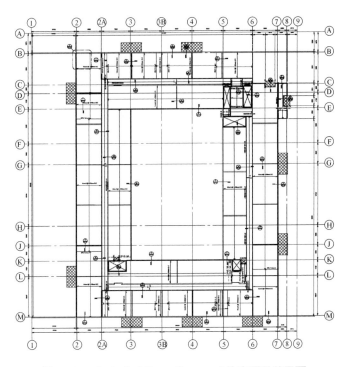

**图 14-35 Cathedral Town Courtyard 住宅项目总平面**

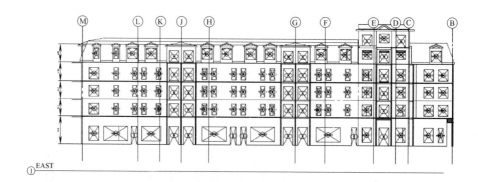

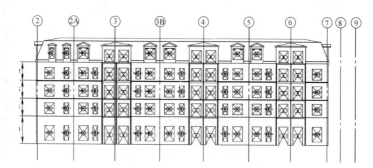

图 14-36　Cathedral Town Courtyard 住宅项目立面图

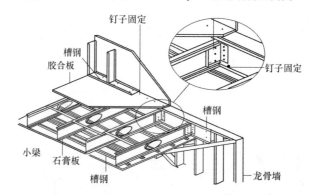

图 14-37　Cathedral Town Courtyard 住宅项目龙骨墙和楼盖连接示意

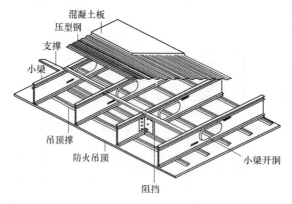

图 14-38　Cathedral Town Courtyard 住宅项目组合楼盖系统示意

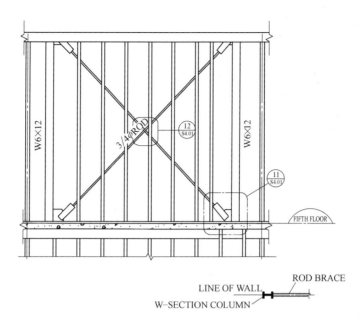

图 14-39 Cathedral Town Courtyard 住宅项目加支撑的墙体构造

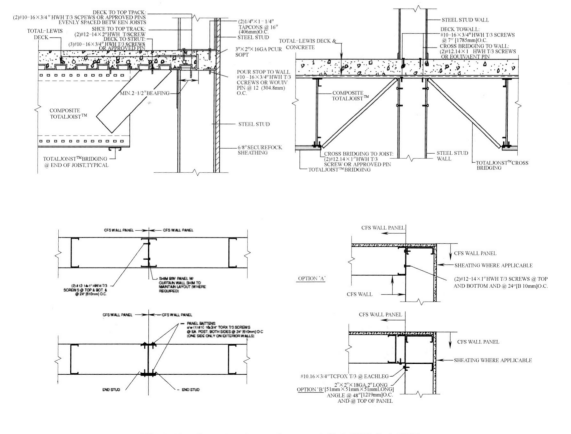

图 14-40 Cathedral Town Courtyard 住宅项目节点详图

图 14-41　Cathedral Town Courtyard 住宅项目机电管道集成安装

图 14-42　Cathedral Town Courtyard 住宅
项目内走廊结构布置

图 14-43　Cathedral Town Courtyard 住宅
项目居住单元结构布置

图 14-44　Cathedral Town Courtyard 住宅
项目楼梯结构安装

图 14-45　Cathedral Town Courtyard 住宅
项目墙体吊装施工

### 14.3.2　加拿大安大略省的模块化办公楼项目

位于加拿大安大略省的 XSTRATA 建筑是一个集办公及工厂于一体的永久性钢结构模块建筑（图 14-46～图 14-49）。模块化建造方式的使用，使得该项目的工期大为缩短。同时，使得该项目更易于达到绿色建筑的要求。如果运用传统建造方式，类似于本项目的在偏远地区施工的工程是很难获得绿色建筑 LEED 金牌评级的。

(a)　　　　　　　　　　　　　　　　　(b)

**图 14-46　XSTRATA 建筑项目街拍**

本项目于 2008 年建成，总建筑面积 59200 平方英尺，约合 5500m²。项目共用 126 个钢结构模块，层高两层。项目设计费用 56 万美元，建造费用 1270 万美元，总工期 9 个月，其中设计时间 3 个月，建造时间 6 个月。与传统方案相比，本项目节省造价 34%，节省工期 25%。

项目信息：

**图 14-47　XSTRATA 建筑项目模块吊装**　　　　**图 14-48　XSTRATA 建筑项目模块安装**

业主单位：Xstrata Nichel
建筑设计：Allen & Sherriff
结构设计：Jerol Technologies
模块供应商：NRB lnc

图 14-49　XSTRATA 建筑项目室内效果

## 14.4　新加坡全预制钢结构体系建筑工程案例

　　随着新加坡展开经济转型，政府收紧外籍劳工政策，建筑业迫切需要提高生产力。新加坡政府正通过建筑业生产力和能力基金，着手将新加坡的建设部门改造成一个技术先进、生产力高的部门。新加坡将有越来越多的建筑项目采用新的建筑技术和建筑材料，以提高建筑领域的生产力。为了提高施工效率，从根本上改变设计和施工流程，新加坡政府鼓励采用工厂预制和现场装配的概念，从而将建筑物建造过程中大部分的工作从建设场地转移到受控的工厂环境中进行，制造完成后再运送到现场安装。因此，新加坡于 2014 年开始推进工厂预制模块建筑（Pre-fabricated Pre-finished Volumetric Construction，简称 PPVC）技术在本地的应用。在早期此项技术多用于低层建筑，例如学生宿舍、公寓和酒店。技术成熟后才在多高层建筑中应用。通过这种方式，可以大量减少建筑施工现场所需要的人力和时间，同时确保工作现场的安全和整洁，最大限度地减少对场地周边环境的影响。新加坡已在多个项目上运用了 PPVC 技术，有力促进了此种建造技术的发展和完善（图 14-50）。

图 14-50　PPVC 技术

### 14.4.1 南洋理工学生宿舍项目

新加坡南洋理工学生宿舍项目分为两期。一期包含 4 栋 11～13 层的宿舍楼单体，占地面积约 5.4 万 $m^2$，可为超过 1850 位学生提供住宿；二期包含 8 栋 13 层的建筑单体，可提供 1580 个酒店房间和 66 套公寓供使用。本项目一期是新加坡首个采用 PPVC 技术完成的大型建筑项目。所有建筑单体的竖向交通核心筒由混凝土现场浇筑完成，其余房间都采用模块化技术在工厂制造完成，包括房间内的门窗、橱柜等。建筑模块的结构骨架在我国台湾地区制造完成，再运输到新加坡本地的一家工厂进行部品部件的集成安装和内部装修。建筑模块在工厂预制完成后，整体运送到施工现场，再整体吊装形成整栋高层建筑。项目一期共采用了 784 个建筑模块，共有 8 种规格，最大的模块长度约为 10.76m，宽度约为 3.25m；最小的模块长度约为 3.25m，宽度约为 2.65m；项目二期共使用了 1200 个建筑模块，共有 5 种规格，最大的模块长度约为 12m，宽度约为 4.5m；最小的模块长度约为 5.4m，宽度约为 2.3m。建筑模块的结构形式为钢结构预制模块框架，楼板采用混凝土现浇完成（图 14-51～图 14-55）。

图 14-51 南洋理工学生宿舍项目一期建筑效果

图 14-52 南洋理工学生宿舍项目二期建筑效果

SINGLE ROOM-9sqm
(3.3m×2.9m)

SINGLE WITH TOILET-
23sqm(4.8m×3.3m)

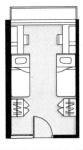

DOUBLE ROOM-18
sqm(5.6m×3.3m)

SELF-CONTAINED
APARTMENT-50sqm
(10m×5m)

图 14-53 南洋理工学生宿舍项目建筑模块规格

由于采用 PPVC 技术，大大缩短了现场建造的周期，每层现场的建设时间仅需 4d，而传统的建造方式通常需要 14~21d 的时间。整个项目建筑主体在两年内即可完成建设，比传统建造方式可缩短现场建设周期 30%~50%。同时，在工厂可控环境中生产模块单元，可更好地控制制造工艺和制造精度，减少返工的发生。模块运送至现场后，通过简单的起吊和连接即可完成建筑模块的安装，可有效地减少工地的高空作业。采用 PPVC 技术，相对传统建造方式降低施工现场对人工的需求达 40%。本项目总体建造成本相对于传统建造方式提高了 10%~15%，但施工时间和人力需求却大幅降低，同时建筑施工的质量控制水平得到提升，建筑施工对周边环境噪声和粉尘污染的情况也得到改善。

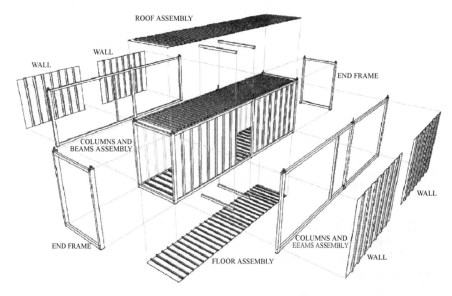

图 14-54　南洋理工学生宿舍项目建筑模块结构体系构成示意

(a)　　　　　　　　　　　　　　　　　　(b)

图 14-55　南洋理工学生宿舍项目现场模块吊装

### 14.4.2　新加坡林地疗养院项目

新加坡林地疗养院项目位于新加坡岛北部，是新加坡的第一个由政府主导的 PPVC 项目。这个为老年人设置的疗养院建筑面积约为 9000m²，建筑主体高 9 层，可容纳 243 张床位。本项目采用 PPVC 技术搭建，每个房间由 3~4 个模块组成，每个模块的重量约为 10～15t。总共有 343 个建筑模块均在新加坡本地工厂完成骨架制造和集成安装，预制完成后整体运送到现场进行现场拼装。这种项目的运作方式降低了模块制作过程中协调和监管的难度，物流运输的难度和费用也大幅削减。但是，同时也导致了整个项目的建造成本的增加。模块供应商在本项目上应用了一种新的钢框架与混凝土墙板、楼板组合的 PPVC 系统，在保证模块的建筑功能的同时，使其施工速度更快、综合成本更低。尽管从管理的角度上要求更高，但是新的 PPVC 系统将施工周期缩短了 3 个半月，同时大大降低了现场对周围环境的噪声和扬尘污染。

由于疗养院的建筑功能需求和平面布局特点，在 1 层和 2 层需要布置大跨度的无柱空间，而在 3～9 层布置的均为重复性的标准化疗养房间。因此，建设方选择将 1～2 层采用传统的现浇结构建造，而在 3～9 层则采用预制的 PPVC 建筑模块搭建完成。每个楼层布置 52 个建筑模块，每个模块在到达现场前已经完成了水电设备集成安装和内部装饰装修（图 14-56、图 14-57）。

(a)　　　　　　　　　　　　　　(b)

图 14-56　新加坡林地疗养院项目

### 14.4.3　新加坡樟宜机场皇冠假日酒店

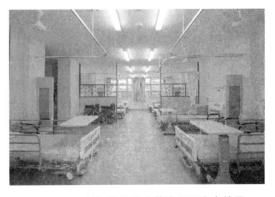

新加坡樟宜机场皇冠假日酒店扩建二期工程，是新加坡本地首个使用 PPVC 技术搭建起来的五星级酒店（图 14-58～图 14-63）。整个酒店高 10 层，包含地面层架空层，由 243 套房间组成。本工程由新加坡最负盛名的事务所 WOHA 设计，并由优毕公司承担深化设计，在优毕（上海）工厂完成生产，于 2016 年 2 月份在

图 14-57　新加坡林地疗养院项目室内效果

新加坡吊装完毕。由于 PPVC 技术的使用，使得单个建筑模块从结构制造到水电安装到内部装饰装修，包括外幕墙，都得以按新加坡的建设标准在上海工厂内完成，然后通过海运整体送至新加坡。在施工现场所有的 252 个模块在 42 天内安装完成，相对传统建造方式而言，采用 PPVC 技术缩短了 4 个月的建设周期。

图 14-58 樟宜机场皇冠假日酒店效果

优毕（上海）工厂建筑模块的结构部分从零部件组装成板墙，再由板墙和结构柱、梁组装成完整的箱体，这一系列的制造过程都是在专门的流水线上完成的。同时，装修工位也采取流水作业方式，建筑产品的工业化制造的理念通过这种作业方式实现。工业化流水线的使用使得模块的制造对人工的需求量大大降低，同时还提高了制造精度和制造效率。建筑模块的楼板采用了轻质混凝土整体现浇而成，以保证模块底板的防水性能。在制造阶段，所有的模块墙板均进行了防水测试。建筑模块采用了钢结构骨架，其防火保护通过内部铺设的防火板材完成。

*(a)*      *(b)*

*(c)*

图 14-59 樟宜机场皇冠假日酒店项目模块制造

由于皇冠假日酒店位于机场附近，樟宜国际机场日吞吐量巨大，项目基地四周紧邻交通要道，对于项目建造而言，选择传统建造方式几乎不可能实现。特殊的地理位置，使得采用 PPVC 技术和模块化建造方式是解决问题的唯一途径。为了不影响交通，施工仅仅在夜间进行，从晚上 9 点到第二天早上 5 点是其施工时间。得益于 PPVC 技术的使用，白天建筑工地周围非常安静、整洁，不需要建筑工地上常见的脚手架，连传统的工地办公室、工人营房都看不到。PPVC 技术的使用让本项目建造不需要传统建筑的"附属设施"，也不影响周围的交通，对周围环境的影响得到了尽可能地降低。现场地上十层建筑模块吊装仅用时 26 天。

项目信息：

设计单位：WOHA 设计事务所/澳大利亚 UB

模块制造商：优毕（上海）建筑科技有限公司

图 14-60　樟宜机场皇冠假日酒店项目模块运输

图 14-61　樟宜机场皇冠假日酒店项目模块吊装

图 14-62　樟宜机场皇冠假日酒店项目幕墙安装

图 14-63　樟宜机场皇冠假日酒店项目客房室内效果

## 14.5　澳大利亚全预制钢结构体系建筑工程案例

模块化建筑是当今澳大利亚建筑领域增长速度最快的一种建造技术，模块化技术将传统建造技术与高精度、高效率的现代制造科技相结合，以一种更快捷和更智能的方式完成建筑物的建造流程，给用户以更好的体验。

在澳大利亚，模块建筑的设计原则是与传统建造方式的建筑性能相同，或者强于传统建筑。澳大利亚的模块化建筑与传统的现场建造的建筑物一样，符合当地、州和联邦的监管要求。所以，模块化技术与澳大利亚现行规范体系是完全兼容的。模块化建造技术可以用于多种的建筑类型，例如学校、别墅、教堂、医疗中心、高层公寓、办公楼和养老建筑等。

澳大利亚广阔的国土上建设需求在不断增加，但可用的熟练工人和劳动力却在不断减少。而采用模块化建造技术，不论项目大小，均可以保证建筑物快速且高质量高标准地建设完成，同时降低对劳动力的需求。因此，对澳大利亚而言，模块化建造技术是一种理想的解决方案，越来越多的工程开始尝试使用这种新的建造方式。

### 14.5.1 One9 公寓项目

One9 位于澳大利亚墨尔本内郊，是一个现代化的精品建筑项目。建筑立面营造出一种简洁的现代建筑风格，精心的户型设计保证了每套公寓都具有充足的日照时间和良好的使用功能。整栋建筑包括 34 套现代化的高档一房或两房公寓，总共使用了 36 个建筑模块（图 14-64～图 14-67）。

(a)  (b)

**图 14-64  One9 公寓项目建筑效果**

**图 14-65  One9 公寓项目模块运输**

由于 Hickory 模块体系的独特设计，使得本项目的建筑模块可以适应复杂的建筑外立面设计的要求。公寓楼在每层都设置有悬臂式的露台，在沿街侧设置了外露的框架造型。同时在西立面还设置了可滑动的遮阳板，防止过强的光线对室内空间的使用造成影响。本项目的房间使用的双层玻璃能够提供出色的保温及隔声表现，废水处理系统和太阳能热水系统更是让这栋建筑成为真正的"绿色建筑"，建筑达到了六星能耗水准。

本项目的建筑模块于 2013 年 8 月开始在工厂预制生产，于 2013 年 11 月运送至现场进行整体吊装。全部 36 个模块在 5 天内即安装完成。

项目信息：
业主：Moloney Group
总承包商：Vaughan Constructions
模块供应商：Hickory
建筑设计：Amnon Weber Architects

图 14-66 One9 公寓项目模块现场吊装　　　　图 14-67 One9 公寓项目室内效果

## 14.5.2 SOHO 公寓项目

澳大利亚的 SOHO 公寓项目位于澳大利亚达尔文市，建筑主体为 28 层，建筑功能主要为公寓和酒店。由于达尔文市的劳动力市场的限制，本项目采用了 Irwinconsult 开发的可由于海外项目的模块化公寓和酒店套房体系。本项目地下室至地上 7 层采用了混凝土结构体系，主要建筑功能包含餐厅、多功能厅、办公室、酒店大堂以及 320 个停车位。地上 8 层以上均为采用模块化技术建造的公寓和酒店房间。本项目于 2012 年开始建设，2014 年建设完成（图 14-68～图 14-73）。

本项目建筑模块的结构骨架采用了由槽钢柱、钢桁架、钢梁组成的钢结构框架。槽钢柱内置于模块侧墙中。在运输和吊装模式下，钢结构框架是主要的承重构件，需要为建筑模块提供足够的刚度和承载力，其截面尺寸能满足两个模块叠层运输和四个模块堆叠存放的要求。模块在运输和吊装过程中会使用覆盖材料进行整体的包裹保护，防止外部的灰尘、雨水等对建筑模块造成污损。同时在模块侧墙内设置有一些斜撑构件，针对运输和吊装工况对模块进行补强。

当两个模块安装就位时，两根槽钢柱组成的空腔中会在现场灌满混凝土，通过构造让槽钢柱与混凝土协同工作。这种构造一方面可以将相邻的两个模块联系在一起，同时还可以增加钢柱的竖向承载力和抗火能力。本项目建筑的抗侧刚度是由预制混凝土构件拼装成的混凝土核心筒提供。通过向预制混凝土墙体中垂直的圆形预留孔内灌注混凝土的形式，可以将混凝土预制件紧密的连成整体。

由于达尔文市热带气候导致的高湿度的气候环境，以及当地消费者的使用习惯，模块的楼板采用了混凝土浇筑而成。相对于轻质楼板，混凝土楼板能有效抵抗潮湿空气的腐蚀。同时混凝土楼板的使用，也使得建筑模块的防火和隔声性能更好。

项目信息：

业主：Gwelo

模块供应商：Irwinconsult

建筑设计：Sidecart Studios and DKJ Projects

图 14-68　SOHO 公寓项目街拍

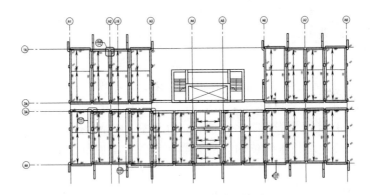

图 14-69　SOHO 公寓项目平面布置

图 14-70　SOHO 公寓项目模块拼接示意

图 14-71　SOHO 公寓项目模块结构体系构成示意

**图 14-72　SOHO 公寓项目施工现场**

**图 14-73　SOHO 公寓项目模块吊装**

## 14.6　我国全预制钢结构体系建筑工程案例

### 14.6.1　天津静海子牙尚林苑（白领宿舍）一期工程

天津静海子牙尚林苑（白领宿舍）一期工程坐落于天津市静海区子牙循环经济园区内，总建筑面积 9281.55m²，建筑高度 16.395m，主体 5 层。本项目是全国首个获得正式批准的装配式模块化居住项目，已通过"国家住建部科技示范项目"评审。本项目预制装配率达到 94%，是模块化建筑的终端产品，仅采用 5 种不同规格的模块堆叠而成。同时，本项目设计标准为绿色三星建筑，自评分数为 86.3 分，满足绿建三星标准。项目采用太阳能热水器，使用户热水覆盖率达到 100%，创新采用新能源光伏电梯，达到节能减排的目的。本项目由两栋装配式公寓楼和 1 座设备用房组成。每栋公寓楼由 157 个箱体模块组成，楼梯间和电梯间采用钢框架结构，填充墙体采用轻质条板。项目建成后可供 286 户使用，楼内设有超市、物业用房、公共卫生间、洗衣房等功能，可满足入住人群基本生活需求（图 14-74～图 14-77）。

**图 14-74　天津静海子牙尚林苑项目效果**

钢结构模块单元需要在工厂内进行制作加工，制作完成后运输至施工现场进行吊装，根据国家相关道路运输规定以及吊装的需求，模块单元的宽度一般为 2.5～3.5m，且高度不超过 4.2m，以上因素限制了模块单元的尺寸。建筑中部设有门厅，首层和二层连通设立大开间，建筑中部和角部设有楼梯和电梯。由于模块单元并不能提供建筑所需的大开间格局，故不能采用纯模块体系。综上考虑，最终确定结构体系为钢结构模块与传统钢框架复合结构体系，即建筑中部和楼梯、电梯部分采用钢框架结构，其余部分为钢结构模块单元。由钢框架部分提供大开间和侧向支撑，由钢模块单元提供公寓式房间。根据建筑功能的要求，模块单元采用长、宽、高分别为 8550mm×3000mm×3000mm 和 6550mm×3000mm×3000mm 两种不同尺寸。

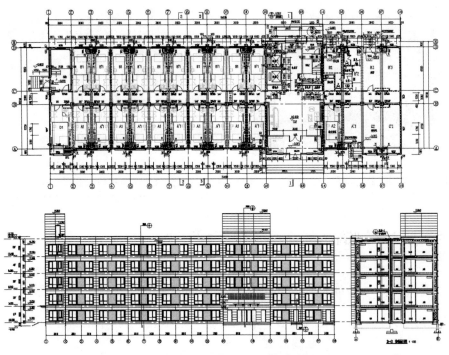

图 14-75　天津静海子牙尚林苑项目建筑平面及立面

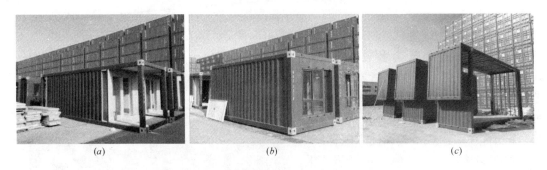

图 14-76　天津静海子牙尚林苑项目三种模块单元

(a) 带走廊模块；(b) 普通模块；(c) 储藏间模块

模块单元成横向两排排列。8550mm×3000mm×3000mm 的模块单元相比 6550m×3000m×3000mm 的模块单元多了走廊部分。根据房间的使用功能，家庭房、活动室和休息厅等采用两个模块单元组成，两个模块单元相互连通。局部六层的储物间由 3 个模块特殊尺寸单元组成，单元尺寸为 4500mm×3000m×3000mm。综上，根据房间功能的不同，部分模块单元在单元四周的墙体上开洞或不设置墙体。

本项目一共需要 314 个模块单元，一栋建筑需要 157 个模块单元。模块单元完成加工后尺寸为 8550mm×3000mm×3000mm 的模块重约 13t，尺寸为 6550m×3000m×3000mm 的模块重约 11t。模块单元之间的连接采用优化后的专用旋转式的连接节点，可在施工现场快速完成模块间的连接。

模块生产厂家日均生产钢框架 7 个，装修成品 4 个，单栋建筑 157 个模块需 45 天制作完成，通过工厂化生产，达到毫米级质量控制。

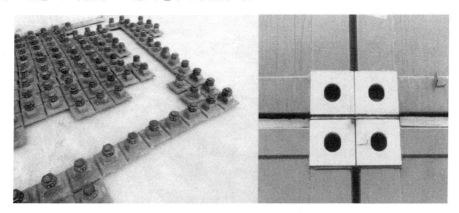

图 14-77　天津静海子牙尚林苑项目模块连接节点

## 14.6.2　镇江港南路公租房小区项目

镇江市东部新区的港南路公租房小区，是由政府开发的保障性住房。项目总用地面积约为 12.6 万 m²，一期建设用地面积约为 4.97 万 m²，由 10 栋 18 层单元式住宅构成，全部采用模块建筑体系建造。保障性住房的服务人群家庭结构、人员构成相对复杂，也包含许多老年人及残疾人，所以套型设计要在不超过国家面积标准的基础上，尽可能地满足多样性需求。港南路项目共有 4 种主要套型，分别为适用于年轻单身人士居住的零居，适合家庭居住的两居室，适合老年人夫妇或有老人家庭居住的适老套型，以及无障碍套型（图 14-78、图 14-79）。

(a)

(b)

图 14-78　镇江港南路公租房小区项目建筑效果

本项目根据建筑的功能空间设计，划分为若干个尺寸适宜运输的三维建筑模块，可以制作异形模块，每栋楼由 324 个模块构建，单个模块最宽达 4.5m，最长 8m。标准模块主要由钢密柱墙体、混凝土楼板以及钢架吊顶、内装部品等组成。每个标准模块根据标准化生产流程和严格的质量控制体系，在专业技术人员的指导下由熟练的工人在生产车间流水线上制作完成室内精装修、水电管线、设备设施、卫生器具以及家具等安装。模块运输至现场只需要完成模块的吊装、连接、外墙装饰以及市政绿化的施工，大大减少了现场工作量。

图 14-79　镇江港南路公租房小区项目现场模块吊装

# 15　全预制混凝土装配建筑工程案例

## 15.1　加拿大 The Belmont Trio 住宅项目

加拿大 The Belmont Trio 住宅项目位于加拿大安大略省 Kitchener 市。该项目采用全预制混凝土装配建筑体系。项目由三栋分别为 14 层、12 层和 8 层的高层住宅和一栋 4 层车库建筑组成。总投资达一亿多加元，总计 412 个居住单元。项目首期于 2014 年开工，将分期建设，计划 6 年完成（图 15-1～图 15-6）。

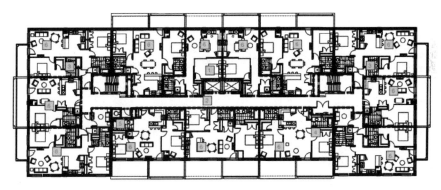

图 15-1　The Belmont Trio 住宅项目建筑平面布置

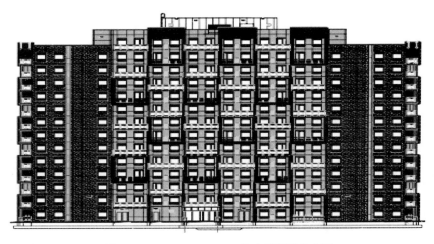

图 15-2　The Belmont Trio 住宅项目建筑立面

该项目的三栋住宅和一栋车库均为全预制混凝土装配建筑。基础采用现浇混凝土条形基础。首期包括最高的一栋 14 层高的建筑，它由 1290 个构件组成：48 根柱子、172 块阳台板、1000 多块墙板、16908m² 的空心板以及 54 块楼梯构件。最大阳台构件达 15m²、

51t 重。该结构体系采用 200mm 和 250mm 厚的预制混凝土承重墙，以及预制预应力空心板组成的剪力墙结构体系。由于外墙作为承重墙，对墙上开窗尺寸和位置有所限制。这就需要建筑师和预制厂家密切协调，共同解决外墙开窗出现的问题，并优化建筑四周的开窗数量。由于建筑外墙和内走廊墙体一般作为承重墙使用，如果建筑下部作为车库用途，将造成转换，对预制装配结构体系的设计带来一定困难。最后经建筑师和开发商协商决定，单独建设一栋车库为项目服务。

图 15-3　The Belmont Trio 住宅项目现场施工（冬季施工不受影响）

图 15-4　The Belmont Trio 住宅项目完工后的全景　　图 15-5　The Belmont Trio 住宅项目屋顶平台效果

开发商希望这个建筑设计能够展现一个与众不同的、在当地具有标志性的项目，建筑师也不希望这个预制装配建筑看上去是层层叠加的单调而又重复的建筑形态。因此，建筑立面采用了两层高的、凸出的阳台造型。上下阳台错开布置，减少了凸出阳台板对下层的日光遮挡，使得日光最大化地进入房间。建筑师和工程师通过最大努力，很好地在项目设计中，通过克服预制装配体系建筑的局限性，体现了预制装配建筑体系的优点。此外，建筑设计还在每栋建筑屋顶都设有 600m² 的公共活动露天平台。

图 15-6　The Belmont Trio 住宅项目
外立面及阳台处理

施工速度快是预制混凝土装配建筑的特点，而且不受寒冷气候影响。第一期 A 栋楼建筑面积 19100m²，于 2014 年 11 月开始施工，2016 年 3 月完成安装。虽然当地气候比较寒冷，施工经历了两个冬天，但是预制构件的安装仍然实现了每周一层的施工进度。墙体和楼板都预留了设备和门窗安装所需要的洞口和预埋件，在上部楼层主体结构安装的同时，下部楼层预留门窗安装、外墙保温和内装修同时搭接施工。外墙图案在安装完成后由专业墙面施工企业 Nawkaw 公司完成。

第二期栋楼建筑面积 16300m²。于 2016 年 4 月开始施工，2017 年 12 月完成安装。第三期栋楼建筑面积 10800m²。于 2016 年 12 月开始施工，2018 年 3 月完成安装。

车库建筑为 4 层，296 个车位，于 2016 年 4 月开始施工，2017 年 12 月完成安装。

项目信息：

建设方：HIP Developments Inc.

建筑师：ABA Architects

结构设计：MTE Consultants

总承包商：Melloul-Blamey Construction

预制混凝土制造商/安装商：Coreslab

## 15.2　加拿大 The Barrel Yards Point Tower 项目

The Barrel Yards Point Tower 项目位于加拿大安大略省滑铁卢市。该项目是坐落在滑铁卢上城的整个 12 英亩旧工业区土地开发的一部分，邻近滑铁卢大学。项目包括住宅、酒店、写字楼和车库等多个单体建筑。其中该项目的两栋 25 层、85m 高、共 357 个居住单位的住宅塔楼为全预制混凝土装配建筑体系。预制构件包括梁、柱、墙、板等。塔楼下部的两层裙楼和一层地下室车库为现浇混凝土建筑。项目总建筑面积为 41877m²，于 2013 年建设完成（图 15-7～图 15-10）。

图 15-7　The Barrel Yards Point Tower 项目效果图
（右下角两栋塔楼为全预制混凝土装配建筑）

两栋 25 层塔楼均为全预制混凝土装配建筑，分两期建设。裙楼和地下室及基础采用现浇混凝土。项目的结构构件和连接设计不仅考虑竖向荷载，而且考虑水平地震作用和风荷载。结构工程师采用特殊的连接方式，实现水平力在楼板和墙体之间的传递。在前期视觉设计方面，建筑师设计意图是通过选择构件颜色使得建筑极具生气。项目最初是按照现浇混凝土结构、预制混凝土外墙板考虑的。设计期间业主要求下部三层仍采用现浇混凝土结构，但从四层开始，两个塔楼改用全预制混凝土装配建筑体系。由于塔楼为剪力墙结构体系，因此塔楼由现浇混凝土结构改为全预制混凝土装配结构相对比较容易。结构工程师的主要精力和时间是考虑如何将上部塔楼的荷载通过裙楼传递给基础。由于这个项目的三层楼板采用现浇转换梁和板，意味着下部现浇混凝土楼面构件可以传递上部预制剪力墙传来的、偏离轴线的荷载，这就使得我们能够采用全预制混凝土装配建筑体系，而不需要对塔楼和裙楼进行较大改动。项目最终采用305mm厚的预制混凝土承重外墙，并考虑将窗间墙作为类似柱子的竖向承重构件使用。外墙在墙内楼层处预埋角钢，以支承预制预应力空心楼板。

由于改用了全预制混凝土装配建筑体系，为了保证建筑设计意图的实现，建筑师和结构设计顾问在设计过程中必须密切合作。其中影响较大的是预制混凝土构件详图设计，包括建筑外立面的窗间墙。为了便于预制件的制作和安装，原设计外墙板需要进行修改，其中纵墙凹进去的部分需要满足结构设计和施工安装的稳定要求。同时考虑到其与窗间墙相交处的预制件连接，以满足建筑设计要求。裙楼的建筑外墙采用带有图案的预制混凝土墙板，模拟建筑面砖的效果，实现统一的外立面风格。预制外墙的面砖立面效果，是通过预制墙板浇筑一次成形，从而节省了面砖的二次施工。

在立面设计中，为了使预制外墙板尺寸不至于太小，建筑师将楼板在楼层处收进，这不仅便于混凝土构件的制作和安装，从而也实现了建筑师要求的连续两层玻璃窗的立面效果。建筑在20层的两个拐角处，立面出现变化。最初考虑伸出承重墙或采用悬挑梁支承阳台板两侧，但这不符合建筑师要求的阳台拐角在两个方向透空的设计意图。解决方案是采用现浇混凝土楼板，伸入外墙支座内部一定长度，将阳台板作为悬臂板进行设计。为了实现建筑效果，在某些位置还采用了预制混凝土梁或板作为转换。结构设计采用ETABS三维模型建模，考虑预制构件的构造特点，对结构进行全部荷载作用下的整体受力分析，以预测结构的受力和变形。

该项目安装大约以每周一层的速度进行。整个项目预制构件的装配工期为31周。与该项目中同时施工的两个22层现浇混凝土住宅建筑进行对比，采用预制装配节省了一年的工期，同时造价也大大减少。

项目信息：

建设方：Auburn Develpment Inc.

建筑师：Turner Fleischer Architects

结构设计：HGS Consultanting Engineers

总承包商：Stonerise Construction

预制混凝土制造商/安装商：Stubbe's Precast

图 15-8　The Barrel Yards Point Tower 项目塔楼以下三层现浇转换梁、板施工

图 15-9　The Barrel Yards Point Tower 项目
全预制混凝土装配塔楼的施工

图 15-10　The Barrel Yards Point Tower
项目施工现场进度比较
（右面两栋为 22 层现浇混凝土结构）

# 参 考 文 献

1.《装配式混凝土结构技术规程》JGJ. 北京：中国建筑工业出版社，2014.

2.《混凝土结构设计规范》GB 50010. 北京：中国建筑工业出版社，2010.

3.《建筑抗震设计规范》GB 50011. 北京：中国建筑工业出版社，2010.

4. ACI Committee 318. Building Code Requirements for Structural Concrete and Commentary. Farmington Hills：America Concrete Institute，2011（ACI 318-11）.

5. ACI Committee 551. Tilt-Up Concrete Construction Guide. Farmington Hills：America Concrete Institute，2005（ACI 551. 1-R05）.

6. ASCE. Minimum Design Loads for Buildings and Other Structures. Reston，Virginia：American Society of Civil Engineers，2010（ASCE/SEI 7-10）.

7. CSA. Design of Concrete Structures. Mississauga：Canadian Standards Association，2004（CSA A23. 3-04（R2010））.

8. PCI. Design Handbook：Precast and Prestressed Concrete. 7th Edition，Chicago：Precast/ Prestressed Concrete Institute，2010.

9. PCI. Architectural Precast Concrete 3rd Edition. Chicago：Precast/ Prestressed Concrete Institute，2007.

10. PCI. Designers notebook，Connections for Architectural Precast concrete.

11. Ronald R. Buettner and Roger J. Becker. PCI Manual for The Design of Hollow Core Slab. 2nd Edition，Chicago：Precast/ Prestressed Concrete Institute，1998.

12. PCA. Connections for Tilt-Up Wall Construction. Skokie，IL：Portland Cement Association，1987.

13. NEHRP Recommended Seismic Provisions for New Buildings and Other Structures. Volume 2：Part 3-Resource Paper，Washington：the Building Seismic Safety Council，2015.

14. NEHRP Recommended Provisions：Design Examples. FEMA 451-August 2006，Washington：the Building Seismic Safety Council，2006.

15. FIB. Structural Connection for Precast Concrete Buildings. Switzerland：International Federation for Structural Concrete（fib），2008.

16. FIB. Design of Precast Concrete Structure against Accidental Actions. Switzerland：International Federation for Structural Concrete（fib），2012.

17. Paolo Negro. Giandomenico Toniolo，Design Guidelines for Connections of Precast Structures under Seismic Actions. Ispra，Italy：Joint Research Centre，European Committee，2012.

18. Hubert Bachmann. Precast Concrete Structures. Berlin：Wilhelm Ernst & Sohn，2011.

19. Kim S. Elliott. Precast Concrete Structures. Woburn MA：Butterworth -Heinemann，2002.

20. F.（Eph.）Bljuger. Design of Precast Concrete Structures. Chichester：Ellis Horwood Limited，1988.

21. Robert A. Hartland. Design of Precast Concrete：An Introduction to Practical Design. London：Surrey University Press，1975.

22. Arturo E. Schultz et al.. Seismic Resistance of Vertical Joint in Precast Concrete Wall. 5th US National Conference on Earthquake engineering Vol. II，1994.

23. Jack P. Moehle，et al.. Seismic Design of Cast-in-Place Concrete Diaphragms. Chords，and Collec-

tors，NEHRP，2010.

24. Joseph J Waddell. Precast Concrete：Handling and Erection. First Edition，Ames，Iowa：The Iowa State University Press and ACI，1974.

25. PCI. Parking Structures：Recommended Practice for Design and Construction. Chicago：Precast/ Prestressed Concrete Institute，1997.

26. Modular Construction using Light Steel Framing：An Architect's Guide，SCI Publication P272.

27. Case Studies on Modular Steel Framing，SCI Publication P271.

28. Permanent Modular Construction 2015 Annual Report，Modular Building Institute，USA.

29. 美国模块化建筑协会网站 http：//www. modular. org.

30. Modular Tall Building Design at Atlantic Yards B2，David Farnsworth，CTBUH Research Paper.

31. 澳大利亚模块化建筑协会网站 http：//www. mbiaa. com. au.

32. 英国模块化建筑协会网站 https：//mpba. biz.

33. Journey and Experience of PPVC，Mr Allan Tan，Dragages Singapore Pte Ltd.

34. Design for Manufacturing and Assembly (DfMA) -PPVC，Building and Construction Authority.

35. A Case Study-LEED Gold Design & Off-Site Modular Construction. NRB，2009.

36. Case Study ：SOHO Apartments，irwinconsult.

37. www. irwinconsult. com. au.

38. www. buildingcontrolonline. co. uk.

39. 王羽，等. 模块建筑体系的引进与实践-镇南港南路公租房小区.《城市住宅》2014. 12.

40. 周静敏，等. 英国工业化住宅的设计与建造特点.《住宅工业化建造·工业化住宅设计与理论》.

41. www. unitisedbuilding. com.

42. The Construction of a High-Rise Development Using Volumetric Modular Methodology. Phillip Gardiner，CTBUH Research Paper.

43. 加拿大预制混凝土学会（CPCI）网站 www. cpci. ca 等.